Science Pearls   Youth Edition
国际科普大师丛书（青春版）● 数理篇

诗意的原子

8种连结你和宇宙万物的无形元素

Your Atomic Self

The Invisible Elements That Connect You to Everything Else in the Universe

NJ 北方联合出版传媒（集团）股份有限公司
辽宁科学技术出版社

［美］ 科特·施塔格
(Curt Stager) /著
孙亚飞/译

著作权合同登记号：图字 02-2020-196 号

图书在版编目（CIP）数据

诗意的原子 / (美) 科特·施塔格著；孙亚飞译.

沈阳：辽宁科学技术出版社, 2025.1. -- (国际科普大
师丛书：青春版). -- ISBN 978-7-5591-3894-1

Ⅰ. P159-49

中国国家版本馆CIP数据核字第202432YA45号

出 版 者：辽宁科学技术出版社

（地址：沈阳市和平区十一纬路25号 邮编：110003）

印 刷 者：大厂回族自治县德诚印务有限公司

发 行 者：未读（天津）文化传媒有限公司

幅面尺寸：889mm×1194mm，32开

印　　张：8.125

字　　数：204千字

出版时间：2025年1月第1版

印刷时间：2025年1月第1次印刷

选题策划：联合天际

责任编辑：张歌燕　马　航　于天文　王丽颖

特约编辑：边建强　王羽鬏

美术编辑：冉　冉

封面设计：typo_d

责任校对：王玉宝

关注未读好书

客服咨询

书　　号：ISBN 978-7-5591-3894-1

定　　价：38.00元

阿尔伯特·爱因斯坦在纽约萨拉纳克湖的诺尔伍德船库里。这是这张照片的首次刊登，它是当地10岁的大卫·比利科普夫用布朗尼相机于1936年夏天拍摄的

致我们所有人心中的爱因斯坦

目录

前言　原子的你

很多人不知道，我们犁的土都是星尘，随风四处飘散；而在一杯雨水中，我们饮下了宇宙。

——伊哈布·哈桑（Ihab Hassan，美国文学评论家）

我这辈子用很长时间悟得了一个道理，那就是我们所有的科学在被用于衡量现实时，都是原始而天真的——然而迄今为止，这是我们最值得珍惜的财富。

——阿尔伯特·爱因斯坦

比起你的生命传奇，还有什么更有意思的故事？告诉你个好消息，本书所讲的就是这样的故事。

尽管本书经常提及原子，但它们其实只是配角，而你才是真正的主角，它们随你而动，它们随你一同经历成功的狂喜，一同承受失败的悲痛，也一同走过平淡的日常。至于我的角色，那就是试着展现，这些组成你的原子是如何将你和宇宙中一些最神奇的事情联系起来的。

原子会和你一起做些什么？可以说是任何事。无论是你还是你或爱或恨的每一个人，也无论你们何时做过的何种事情，它们都是现场的目击者，更是密切的参与者。你曾经闻到的每一丝气味，看到的每一片景色，欣赏的每一曲旋律，以及唇间发出的每一声哭喊与叹息，皆因那些游走于空气与你身体最深暗角落的原子而产生。当你吃下食物时，其他生物的肉体会变成你身体的一部分；当你受伤时，在一串曾经引爆宇宙中最华丽爆炸的古老原子中，流淌的是垂死恒星的碎片；当你排泄时，你将闪电与火山的原子回声散播到了全球循环之中，或许有一天它们还会重回你的身体，虽然这听起来让人不悦；而不管何时微笑，你牙齿的光泽中都暗藏着"冷战"时期太平洋两岸核试后放射尘的余晖。

你不仅由原子构成，你其实就是原子，而本书实际上就是给你自己的一份"原子探险指南"。为了便于用基本的元素术语诠释你的生命，你所需要的不过是了解一些最新的科学信息，以及据此重新认知世界的一些新方法，还有一点活跃的想象力。你会发现，当你这样做了以后，你将体验到一场自我意识的革新，你的思想将在一个更广阔的尺度上驰骋。

在新石器时代，我们学会用岩石与矿物质制造一些粗糙的工具，如今这种文化距离我们已经非常久远，而我们正在步入一个或许可被称为"新新石器"的时代，精密加工的硅芯片、抛光的玻璃，还有高性能显微镜与望远镜所用的合金，这些全新的工具提升了我们的生活，也丰富了我们的感知。借助这些工具，我们在巨人的肩膀上继续攀登，不断发现更多知识。我们可以摒弃古希腊的"气、水、土、火"四元素概念，取而代之的是更有用的世界观，我们将一百多种原子排入元素周期表中，从中可以看出，传统四元素的前三种并非基本元素而是化合物，至于火，更只是一个过程而非不可分割的物质。这样的观点也会有助于我们科学严谨地解释我们的肉体、思想、感觉与地球原子之间的隐秘关联。在这个技术、文化与环境快速变迁的年代，明白我们与地球还有其他人之间的紧密联系至关重要。今天已不同于往昔，要想让数十亿地球人及其赖以生存的生态圈变得更好，科学素养才是关键因素。

当然，还有很多未知的领域等着我们去发现，未来的研究肯定会推翻很多我们现在确信的事实，或许也包括本书中的一些信息。

没有人可以知道一切，就算是最伟大的天才也会犯错。艾萨克·牛顿尚不知道物质与能量可以相互转化，阿尔伯特·爱因斯坦反对量子力学理论，而物理学家欧内斯特·卢瑟福认为在他研究领域以外的科学都只是在"集邮"，也不相信发展核武器或核电站是可行的。即便是"原子"这个词的定义，也在差不多一个世纪前发生了变化。两千年以前，希腊的哲学科学家推断，物质应该是由某种不可分割的微小粒子构成的，并将其称为"a-toms"，意指不可分割的物质。然而严格来说，我们如今称之为"atoms"的原子却名不副实，因为核物理学家可以将它们分割成更小的部分。比如位于瑞士的欧洲大型强子对撞机，甚至可以将亚原子粒子粉碎成更小的介子、胶子或轻子。

然而这也并非像有些人宣称的那样，认为一切科学事实的存在都过于短暂，不值得赖其指引真理。诚然，知识的边界是动态的，但科学先驱们已经铺好了很多值得信赖的道路，可以供你行走。比如，你完全可以确信，原子是真实存在的，它们具有独特的性质，并且它们之间的相互作用方式完全可以被预测；水确实由氢和氧构成，并且占据了你身体的大部分；当然还有，你额头上汗珠中的元素，同样也可以在华丽的彗尾与你脚下的地球脊梁中寻得，在地球上其他生物的体内也一样能够找到。本书正是邀请你游览这样一些值得信任的路径，带你用一种全新的非凡视角看看自己与这个世界，旅程之中将会充满惊奇，但这些都是确然可信的，并且可能会引起变革。

不妨先听我介绍一下你的一颗氧原子。它当然小到看不见，就像一个泡泡，大部分物质漂浮在泡泡中心，从外面看起来就像是一颗没什么特点的乒乓球。但仅仅是中心颗粒或是外层结构中粒子数目的区别，就让不同元素的性质具有显著差异，就好比它们构建的生物体彼此之间也存在着明显的差异一样。

如果你是个身材中等的成年人，那么你的体内携带了将近两千亿亿亿颗这样的氧原子，比任何一片森林中的树叶总数都要多。现在，不妨想象一下从你的大拇指中取出其中一颗，拉近焦距仔细观瞧。

与其他所有原子一样，这颗原子也几乎都是空的。如果将中心由 8 个带正电的质子与 8 个电中性的中子构成的原子核放大到树莓（其实看起来两者外观有点相仿）那么大，那么绕着它旋转的带负电荷的电子，距离这颗树莓大约有 200 码（183 米）那么远，接近美式足球场长度的两倍，而电子包围的球体中，有数百万立方码的空间里都空无一物，这体积比新泽西州东卢瑟福的大都会人寿球场还要大上好几倍。这就是科学家为什么会认为你身体中的物质几乎都是虚无的，就像星系间太空深处的真空一样。

不管你感觉自己有多重，原子的空虚都意味着你更像是由原子级聚苯乙烯构成的多孔泡沫，而不是像看起来那样质地坚实。不过你应该庆幸你的"泡沫"身体，否则的话，你脚下的地球可撑不住你的体重。居于原子中央的那颗微小原子核（希腊人称之为"核心"或"种子"），密度却大得惊人，如果你的体内挤满了"放了气"的而不是膨胀成几近空心的原子，那么只是你的一根脚指头就有接近 10 亿吨重。

你挑出的氧原子外层有 8 个电子围绕着原子核旋转。它们可不同于微型的行星被锁定在固定的平面轨道上，而是更为怪异也更为自由地转着圈，同时表现出波与粒子的双重性质，而且它们旋转的速度太快，以至于模糊成一团像云一般的巢状外壳。如果你对这些电子施加能量，它们便会跃迁到更远的轨道上，原子的表面也会随之膨胀；而物理学家还会借助 X 射线激光将内层电子轰击出来，形成"中空"的原子。

不过从我们的视角来看更为重要的一点是，一个原子的某些电子也可以被其他原子共享形成共价键，从而有助于维持你身体的完整。当两枚氧原子靠得足够近的时候，它们的外壳便会交融，其中一些电子开始同时绕着两个原子核旋转。这种共用电子的方式可以产生千万种化合物，包括你的肌肉纤维和细胞膜，也包括你的激素和发丝。

当两个或更多的原子通过这种方式衔接在一起时，分子便形成了。分子（molecule）这个术语源于拉丁语 moles，这里的 moles 可不是指鼹鼠那种毛茸茸的小动物（moles 在英语中有"鼹鼠"的意思。——译注），而是指"一堆物质"，一个分子简单来说就是一小堆物质。此刻在你脑海中想象的已不再是孤零零的氧原子，而是分子战队中的一部分了。在你的身体中，它常常与另一枚氧原子如影随形，构成氧气分子游走于你的血管，或是与两枚更小的氢原子形成水分子。

本书的第一章将带你更好地领略这些分子及其原子部件，并揭示它们"如何让你成为你"的一些方式。很多元素都可以在你体内或身边寻找到，但这里只会挑出其中最丰富也是生物学上最重要的十来种详细介绍。这几种元素也将揭开这些原子的面纱，展现它们在你的生命里，还有在将你与世界万物关联起来的过程中所扮演的幕后角色。

当你继续读下去的时候，你将跟随你的原子共同经历一场旅程：穿过风雨，穿过波涛，穿过火海、森林，还有你的指尖。氢原子可以在你的发梢荡漾，并暴露你曾经居住的故土以及你曾喝过的饮品；你眼泪中的钠，会将你和一片早已干涸的海洋串联起来——而且更诡异的是，还会跟翩翩起舞的飞蛾联系起来；你呼出的碳，会成为玉米秸秆的一部分，进而又进入一头矫健公牛的肌肉中，再后来还可能成为狐狸胡须的一部分；你还会发现，你肌肉中的很多氮原子，是帮助天空变蓝的功臣，而你骨骼中的磷，曾让远古海洋的波浪变绿过；你牙齿中的钙可能是蘑菇从岩石上开采下来的，而你血液中的铁既会杀死细菌也会杀死一颗恒星。你还会发现，你最终会面临的死亡，其实每时每刻死亡都在你的原子间进行着，然而，和其他所有人一样，你也将在宇宙结构的某个角落永存。

用原子观点看待生命颇有点将剧本捧在手心看歌剧的意味。举个例子，如果你不了解意大利人，那么你在观看《唐璜》的时候，也许只会被音乐打动，却对剧情无动于衷。而当你手中有剧本的时候，它就可以更好地展现因为信息不足而被眼耳遗漏的故事细节。同样，当你能更好地借助原子观点理解这个世界时，你的阅历也会变得更加丰富。

我们究竟是谁？对这个问题的不断解读算得上是科学给我们的最好礼物之一。尽管我们很容易想象，手机、超市以及城市生活正在将我们跟自然割裂开来，但总有一些事情落后于 20 世纪以来的知识与技术大爆发，于是我们的意识仍然联系着自然。我们永远不会真的失去和原子世界的联络，因为不管是否知情，我们都是原子世界的一部分。所以，现阶段我们面临的任务与其说是从肉体上重新构建联系，还不如说是让我们的世界观和迷人的现实之间达成和谐，而这样的现实正是太空望远镜、原子探针显微镜或者是其他复杂的发明最近才向我们展现的。

我们在陶醉于自己是恒星的直系后代这样一个奇迹之时，也许会感到非常震撼，就像乔尼·米歇尔（Joni Mitchell）歌中所唱的那样——"我们是星尘"（we are stardust），是几十亿岁高龄的碳原子。伍德斯托克音乐节（Woodstock）上传唱的这些歌词道出了科学发现的精髓，当然也有些较真的人会强调，我们有些碳原子的历史其实比这更久远，而有些却只是产生于几个星期或几个月前（后文将会详细介绍）。这里主要想说，这样的观察视角不仅颇具美学与哲理意味，对我们最新书写的这段历史来说，其价值也因为一些现实原因变得越来越大，很多科学家甚至将当今这个时代称为"人类世"——属于人类的地质纪年。我们的人口数量惊人，技术强大，生活方式与文化交流也在不断全球化，因此我们如今已是地质学尺度的一股自然力量了。仅仅是我们排放的碳就足以阻止下一个冰川纪，将海平面抬高并淹没海岸，也足以造成所有物种灭亡。今天我们思想与心灵引发的所有行为，都会在周遭环境中产生回音，并将深刻地影响未来。

从这个方面讲，理解我们与地球间的原子联系就不再是一个可以选择的问题，而是一种必然。科学是我们看到真理的那一扇最明亮的窗口。生物学家兼作家 E.O. 威尔森（E.O.Wilson）曾这样写道："也许是时候停止称其为'环保主义者'的观点了，搞得好像这是脱离人类活动主流的游说活动一般，而应当称之为现实世界的观点。"不同于我们的祖辈那样只能单纯依赖自己有限的知觉，我们如今可以借助曾经隐藏在事物背后的原子性质，利用这些新的信息更好地阐述我们的知觉所反映的事实，同时可以期待营造更合理也更可持续的生活方式。

包括卡尔·萨根（Carl Sagan）、尼尔·德格拉斯·泰森（Neil deGrasse Tyson）、布莱恩·考克斯（Brian Cox）、布莱恩·格林（Brian Greene）和加来道雄（Michio Kaku）在内的天才科普工作者已经做了很多工作，向我们介绍了亚原子王国和宏大的宇宙，但是在这两个天壤之别的尺度之间，还是需要用原子的观点来解释。生动的图片与文献可以帮助我们想象微小的夸克与广袤的宇宙，但也可以说很难将它们都带到地球上来。相比那些利用质谱仪或太空望远镜观测的奇观来说，可以被直接观察的物种和细胞都显得颇为简单，但相比物理学家对质子或脉冲星的预测精度而言，绝大多数生物行为还是更复杂，也更难以被预测——要不然请试着预测一只蝴蝶飞过草地时的路线，或是精确计算某颗正在发芽的种子第一次开花的时间，又或是提前罗列一下你的脑袋明天会迸发的奇思妙想……相比之下，模拟电子或行星的运动，简直就跟小孩过家家那么简单。

本书接下来的篇章将带你游览这座由日常经验构建的趣味乐园，没有艰深的公式，有的只是直觉和感受，还有原子与你自己以及这个世界联系的现实案例。不过既然我们看不到原子，那么该如何让它看起来像我们时常假想的那样更为真实呢？

其实简单得很。当你照镜子的时候，你就可以看到在你的面庞中，数不清的原子在向你"眨眼"。为了享受在沙滩上的美好时光，你并不需要去分析每一粒沙子，同样，如果你知道原子总是大量地挤在一起，那么为了感知它们的存在，你也不需要对其挨个儿辨别。相反，你可以让值得信赖的专家为你揭开更多的粒子细节，然后利用这些信息丰富你的生活。

不过令人称奇的是，即便是单个原子，如今对我们来说也比过去更易被感知，如果你想目睹其中一颗的尊容，那么一些最新的科学发现可以帮你实现愿望。德累斯顿理工大学的特里本堡（Triebenburg）实验室建立了一个网站：Electron Microscopy-A Journey into Nano-Cosmos（"电子显微"——纳米世界之旅）。他们最近公布了一系列对金粒子的显微照片。该系列最后一个镜头定格的画面是一张被放大超过100万倍的照片，显示出金原子就像大理石那样一层层整齐而有序地排列着。

单个原子不仅正在变得可以被看到，而且还能被我们"听"到。瑞典皇家理工学院开展了一项名为"放射性乐队"的在线项目，可以让你借助代表原子放射性衰变频率的特殊声音编写旋律。他们的服务器上存有多种不同音符，分别代表几十种不稳定元素释放的能量，从碳-14到钾-40不一而足。网站主页对此解释道："我们的目的是启发灵感。我们希望能够提升更多对自然之美的认知，哪怕是最微小的尺度，从而激发人们对于基础科学的兴趣。对我们来说，音乐方面的创造力同样重要……科学与艺术很大程度上都是相通的。

我们希望放射性乐队可以强化二者之间的联系。"

撰写本书对我个人而言也是一次探索。即便对我这样一名研究物种、气候与生命元素内在作用的科学家来说，当我在办公室工作一整天后趴倒在沙发上，或是在树林里散步时，想要把不可见的世界与纷繁的现实联系在一起都不是件简单的事。老实说，将自己想象成一团没有生命的原子，其实是件异常困难的事。我还没有听很多科学家说起过，他们可以从内心实实在在感知自己是由原子构成的，尽管他们的智力水平足以深入讨论这些问题。不过我敢肯定，哪怕你只是飞速浏览了一下这个令人讶异的事实，你都会被永远地改变，而且是变得更好。

虽说我自己对原子的兴趣可以追溯到童年时期，但之于原子，我更深刻的观念转变还是在 20 世纪 70 年代的时候。那时我还在读大学，专业是生物与地质学，因为科学课程的需要，当时我正用一种近乎强迫症的严谨态度，努力地让自己的情感与自然世界保持一致。我那时并未意识到，要想让自己与绚烂的生命共舞，这种严谨必不可少，就像演员或乐师每日的单调训练一样。

1964 年，我不记得是谁给了我一张皱巴巴的纸片，上面写了一段从《伽马射线效应》(*The Effect of Gamma Rays on Man-in-the-Moon Marigolds*) 节选的片段——这部作品由剧作家兼科学教师保罗·金代尔 (Paul Zindel) 于 1964 年创作，并获得了普利策戏剧奖。不过我永远不会忘记这个片段对我的影响，其内容是一位高中生把她老师刚刚讲的课程复述给她的妹妹——我敢肯定地说，这些话改变了我的人生，直到今天我再读它们的时候，也还是会不禁哽咽。

> 他让我看着我的手，因为其中一部分来自一颗恒星，在想象力都难以企及的远古年代，它爆炸了……

当生命出现时，也许我的这部分曾经被蕨类植物抛弃，从此被掩埋，直至变成煤炭。

数百万年之后，它变成了一颗钻石——它一定和曾经所属的那颗星球一样美丽……

他说，这些物质非常小——小得不能被看见——但是当这个世界出现时，它们就已经存在。

接着他告诉我，我的这一小部分是原子。而当他写下这个单词之时，我立刻爱上了它。

原子。

Atom。

多么美的词啊！

第一章　生命之火——氧

"一支蜡烛可以燃烧四个小时、五个小时、六个小时……那么它变成了什么？说来这样的变化也是相当奇妙，产物居然是——所有生活在这个星球表面的植物生长所赖以生存的物质。"

——迈克尔·法拉第

"我下一次呼吸的那口气或许就待在你的肺里。好好给我存着，我还指着它活下去呢。"

——贾罗德·金茨（Jarod Kintz，美国作家）

方便的话，请你先吸一口气……不过反正你也得这么做，因为在过去的 24 小时里，你已经呼吸了大概 3 万次。在你刚出生时，呼吸这项活动就已经自动开始了，每分钟大概 40 次。现如今，你已经能够用语言来描述这个过程，不过还是会不假思索地呼吸，只是频率降到了初生时的一半。这是一项本能——即使在睡眠中你也在呼吸，如果呼吸停止的时间太久，人就会死亡。

好吧，现在是时候好好思量一下呼吸这件事儿了，请留心一下你是如何收紧膈并放松胸腔肌肉的。仅仅这么一个动作消耗的能量大约相当于一个人静息时基础代谢能量的 3%，只是为了把体积相当于一个葡萄柚大小的空气吸到肺里，在此过程中，数以万亿计的空气分子就像群鱼入网一样被捕获了。不过，如此巨量的空气分子中，人类所依赖的氧气只占其中的一小部分。平均下来，一位成年人每天需要消耗大约 2 磅氧气（约 0.9 千克），而单独的一次呼吸完全可以确保延续你接下来几分钟的生命。而且，呼吸也是联结你与地球本身以及这个星球上其他生物的神奇纽带，我们将在后面慢慢聊。

有些人因为需要长时间屏住呼吸，经常会通过呼吸较为纯净的氧气提高自身的氧气储备量。2010年，在瑞士的圣加仑，一位28岁的自由潜水员彼特·克拉特（Peter Colat）在一个水箱中待了长达19分21秒，成为新晋的憋气世界冠军。而就在下水前不久，克拉特吸了几分钟的纯氧，不过这种使血液高度富集氧气的方法只能获得部分竞争优势，因为一旦血红蛋白所携带的氧已经饱和，便很难再将气态的氧气传输到血液中去了。对克拉特而言，这么做更大的优势是冲洗出肺中的浊气，在他的嘴和鼻子都不能呼吸时，腾空的胸腔便成了一个临时的氧气瓶。

不过，肺并不只是氧气进入血液的唯一通道，你还有很小一部分"呼吸"是通过眼睛完成的。这些氧气粒子极为重要，位于眼球透明表面的细胞能够直接从大气中吸收它们，用于补偿眼球血管载氧量的不足，你皮肤表面的很多细胞也在做着同样的事情。而波士顿儿童医院的研究者们最近还发现了一种更为直接的血液供氧方式。

有一个小女孩没能及时接上心肺呼吸机，于是遭受了致命的脑损伤，心脏病专家约翰·科尔目睹这一切后，便开始寻求一种绕过肺部而将氧气直接注射到血液中的治疗方法。为了避免在这个过程中产生气泡而形成致命的栓塞，科尔和他的团队利用声波将纯氧和油脂搅成细腻的白色浮沫。这一方法将气体包裹在柔软而富有弹性的微胶囊中，从而可以在与红细胞接触时使其载氧；将这种浮沫注射到实验兔体中时，它们可以停止呼吸15分钟或更久，并不会感到明显不适。"这是一种短期氧气替代法，"科尔在2012年对《每日科学》（Science Daily）的采访者如此说道，"一种能够在关键的几分钟内安全地将氧气注射到病人体内以维持生理机能的方法。"如果这一方法能够完美地应用于人体，它就可能被装备到急救室，当然也可用于憋气大赛。

不过对于我们大多数人而言，呼吸是我们与空气中的氧气之间最基本的联系，而且这个动作如此普遍并连绵不断，以致我们浑然不觉——直到我们不能呼吸时才想起此事。到那时，呼吸也明显变得更为珍贵，并成为生命本身的象征。我们会将具有特殊含义的话顺着最后的呼吸一起说出，甚至还会珍藏呼吸本身。亨利·福特（Henry Ford）在他家里将一支充满气体的玻璃试管保存了很多年，据说其中装的是他过世的朋友兼共同发明人托马斯·爱迪生（Thomas Edison）最后一次呼出的气体。根据密歇根州迪尔伯恩市亨利·福特博物馆的资料，在爱迪生临终的床边摆放了好几个这样的敞口试管——试管中的空气与房间里的空气是相通的。爱迪生的儿子查理记录此事时提到："尽管他被人铭记的最主要成就是在电学领域，但他真正喜欢的却是化学。有这些试管在他临终时陪伴左右并不奇怪，而且具有象征意义。"爱迪生逝世以后，查理将这些试管密封，并将其中一支作为纪念品赠给了福特。

但为什么你要呼吸呢？为什么你这么极度地需要这些看不见的氧气颗粒呢？它们从何处产生，在你体内又做了些什么，离开之后又去了哪里？在你的世界里，看似什么也没有，你根本看不到氧气，尽管它们已经在你周围醒目地留下很多存在的证据，从沙沙作响的叶子与猛烈摇晃的船帆到生锈金属与点点烛光。仅仅一两个世纪以前，很多著名的科学家甚至还怀疑过它们的存在。

关键的发现

氧原子几乎潜伏在你日常生活的每一个地方。它们不仅是你呼吸的物质，很大程度上也是构成你身体的物质。科学家们常常会将人类描述为"碳基生命"，但严格按数字来看却不是这样的。

你的体重有大约 60% 由水构成，具体数字取决于你的身材、年龄和健康状况；而水分子中 8/9 的重量属于其中那硕大的氧原子。所以说，氧构成了你湿重的大部分，一个 150 磅（68 千克）的成年人含有大概 95 磅（43 千克）的氧。作为对比，同样的成年人所含的碳大约仅为 35 磅（15.9 千克），如果采用原子比例，那么碳原子的总数相对于氧原子的比例约为 1：2。

身体里脱除水分剩下的那部分"干"物质中，氧原子也和其他的一些元素交织在一起，在肌腱的蛋白纤维、肥皂泡状的细胞膜以及螺旋的 DNA（脱氧核糖核酸）中都存在。在人体动脉的血糖以及乳汁的乳糖中，氧原子贡献了略高于一半的重量；同时它们还与多数矿物元素共同构成了人体骨骼。如果你体内的氧原子全部消失，你仍然还是可见的，尽管存在不了太久——剩下的元素构成的团雾会随着一股清风飘散得无影无踪。

但这不是你呼吸的原因。你通过喝水吸收了多数水基的氧原子，又通过进食补充了大量碳基的氧原子。呼吸则是件完全不同的事情。这个过程的目标不仅仅是获取氧原子，更是获取由两个氧原子结合在一起具有反应活性的氧气分子。而且不同于喝水或进食，你需要一直持续吸入氧气，因为除了肺部的肺泡，你无法在体内安全地储存氧气。

尽管你可以提纯氧气并将其压缩到体内某个空间存储，但你一定不想这么做。让它们随意留在体内，细胞会受到损伤，而且氧气在浓度过高时会使人中毒。你需要在可控的范围内吸入它们，然后立即高效地使用它们，再从身边原子的海洋中吸入新的氧气。

科学家们是如何发现我们与空气间的这种原子级关系的呢？这是一个跨越数世纪的故事，走进了无数死胡同，积累了无数新发现才取得这一结果。这里篇幅有限故不能深入讲述这漫长的故事，但可以简要说说 18 世纪的一些关键发现，至少可以回顾一下获取这些知识有多艰难。当然，有很多研究者都在那个智慧与文化大爆发的时代对此做出了贡献，但特别要说的是其中三名科学家的工作，展示他们通过相对简单却很巧妙的实验所取得的成果。

进入 18 世纪之前，我们需要先了解两个概念——它们都是 17 世纪的遗产，一个引人误入歧途，另一个则颇有先见之明。前者是德国炼金术师约翰·贝歇尔（Johann Becher）提出的一个假说，即燃烧仅仅是因为释放了一种被称为"燃素"的神秘物质。后者是英国科学家罗伯特·波义耳（Robert Boyle）的研究，他提出空气并非一种纯净元素而是各种气体的混合物。他在《对空气中隐藏事实的求证》（*Suspicions about the Hidden Realities of Air*）一书中写道："我时常怀疑在空气中或许还有更多潜在的特性或能量……因为它不是像很多人想象的那样只是简单又纯净的物质，而是混合物……（并且）可能这世上几乎没多少比它更复杂的非均质体了。"

在 18 世纪 70 年代早期，瑞典化学家卡尔·舍勒（Carl Scheele）对氧化汞粉末进行加热并认为由此得到的"火气"在大气中也是存在的，但他没有立即发表这一结论。数年之后，英国化学家约瑟夫·普利斯特里（Joseph Priestley）做了同样的实验并给逸出的气体起名为"脱燃素气"。他在舍勒之前发表了这一发现，并证明在密封的玻璃罐中，这种气体既可以让火焰持续燃烧，也可以让小鼠呼吸。法国化学家安托万·拉瓦锡（Antoine Lavoisier）了解到舍勒与普利斯特里的实验之后，重复了类似的实验，随后称这一发现至少有一部分是他发现的。

不过这几位都不是真正首次在实验中制出氧气的人——炼金术士们早已在一个世纪前制出了氧气，虽然他们并没有完全理解这是一种什么气体。但是，舍勒认识到这种至关重要的气体是空气中的特定成分；普利斯特里论证了它与呼吸和燃烧间的关系；而拉瓦锡给了它一个我们现在正在使用的学名。因为将这种气体与溶液中的氮和硫结合可以产生硝酸和硫酸，因此拉瓦锡将这种气体称为"oxygène"（源于希腊语，意为"制酸剂"）。拉瓦锡还和其他化学家一起推翻了燃素说。通过对封闭容器中的锡进行加热，他证明金属在此过程中是增重而非减重，并且氧化之后的金属所增加的质量与容器打开时进入其中的空气质量相等。

这几位科学家在各自的生涯里，都热衷于声明自己的权利，而他们的传记中也充满了戏剧性的细节。他们极力争夺，都声称是自己发现了氧气，并且都在后来的岁月里遭遇了巨大不幸。舍勒于 1786 年逝世，年仅 43 岁，可能是因为在实验室摄入了太多的汞、砷和铅。普利斯特里由于持信仰自由的观点并支持美国及法国革命被英国驱逐出境，流亡至宾夕法尼亚时，他又承受了丧妻和幼子夭折之痛，并且在被欧洲科学界孤立的同时又因煽动暴乱而被指控。而拉瓦锡，作为国王最憎恶的税务官之一，在法国大革命期间被送上了断头台。对于此次行刑，数学家约瑟夫 - 路易斯·拉格朗日（Joseph-Louis Lagrange）写下了那句名言："他们可以转眼之间就砍下他的头颅，但百年里全法国再也长不出这样的一颗头了！"

这些科学家们的发现引领了后来在原子层面的研究，但如果没有高科技设备或科学的训练，原子不可见的特点会致使氧气与火之间的关系很难被认知。就像普利斯特里和贝歇尔那样，燃烧物总重的增加是很容易被忽略的，因为浮力与逸散的废气掩盖了这一点。燃烧 1 加仑（6 磅，2.7 千克）汽油，可以向大气中扩散 19 磅（8.6 千克）吸热性气体二氧化碳；而据美国能源信息管理局估算，仅美国的机动车在 2012 年就排放了 15 亿吨二氧化碳。这种认知上的局限可能会让我们很难注意到身边环境的变化，而且在探索空气的原子性质时会把我们引入歧途。

两个半世纪以前，在观察了"火气"罐中可轻松呼吸的小鼠之后，普利斯特里自己也试了试这种气体。"我的肺感觉不出它与一般空气的区别；不过随后我似乎感觉我的胸腔变得轻松舒适了。谁能说这种纯净空气哪天不会成为一种奢侈的时尚产品？"谁能真的预想到，21 世纪，为了通过插在鼻子里的那根塑料管吸取氧气，时髦的现代人每分钟要花上一美元？

最初只是在东京、北京等饱受重度污染困扰的城市出现的"氧吧"，从 20 世纪 90 年代开始，在全世界的其他城市流行起来，并且现在还催生了便携式家用制氧机的新市场。支持者们认为这些氧气有消除体内毒素、强化免疫系统、治疗宿醉以及其他一些神奇的医学功效。不过其中大部分都没有实验数据支持。在接受 WebMD（美国最大的医疗服务网站）采访时，巴尔的摩梅西医学中心的乔治·波伊尔解释道："如果你的肺是健康的，而且也没有呼吸困难，那就说明体内的氧气完全够用。"同时他还说："对大部分人而言，（使用制氧机）没什么危害，但也绝对没有科学意义上的好处。"

无论你是在氧吧里买氧气还是吸免费的空气，问题还是那一个：究竟为什么你要呼吸？早期的研究者认为呼吸仅仅是为了降低"体温"，肺无非就是空调而已。而事实的真相埋藏在你身体细胞的深处，在那里，燃烧与呼吸间的区别也将被清楚地揭示。

氧的人体之旅

教科书上常常都会列出一个基本公式："食物与氧气反应生成二氧化碳和水。"试图以此简化从你肺里进进出出的这两种气体之间的联系。"生命之火"这种隐喻很形象，仿佛从原子层面上，将生命的运作方式与真正的火相提并论非常恰当。很多科学家都抱有这样的看法，有时是为了向非专业人士简化概念，有时类似的解释反而会致使他们在事业早期误入歧途。比如，近期《科学》上发表了一篇有关分子生理学的文章，介绍了血糖是如何在氧气的作用下"燃烧"的；大学教授们也经常在课堂上讲到，我们吸入氧气，将其和糖类燃料一起送到细胞这座"熔炉"中焚烧，呼出二氧化碳这种废气。

这种形象的比喻引人入胜，然而却是错误的。近距离观察研究对象就可以了解，为什么火不能完美地解释你使用氧气的过程。

火在很多方面跟生物很相像，两者都会产生二氧化碳以及——说来也有些奇怪——水蒸气。虽然液态水可以浇灭火焰或淹死人，但燃烧时烟雾中的气态水或人体呼吸中存在的气态水却对其来源没有这样的影响。火焰和生命还有一点相像的是，一旦没有了氧气，两者都会因此而终结。蜡烛产生的光和热来自石蜡分子中化学键的断裂与生成，而你皮肤的温度则与食物中各种分子间化学键的断裂紧密相关。不过，尽管燃烧与呼吸的基本公式如此接近，但是二者的作用过程却有着明显差异。

在蜡烛的火焰中，周边环境里的氧气直接攻击熔融状态的蜡，把电子从一堆灼热的富碳粒子和电离气体组成的燃料分子中撕扯出来。当气态火焰的温度、密度、电离达到一定程度的时候，就被称作"等离子态"，例如温度高达 6000 华氏度（3300 摄氏度）氧炔焊的焊接端，该术语也常常用来表示太阳这个炽热球体。等离子态是物质的第四种形态，对固液气这三种我们已经熟知的状态而言，也是一种动态补充，而且很可能是宇宙中物质最主要的可见形式，因为恒星就是由等离子体构成的。在地球上，火焰并没有那么凶猛，只是将碳基燃料分解成与它们的原始状态类似的简单颗粒而已。举个例子，用于制造石蜡的石油，是由捕光性藻类利用二氧化碳与水合成的；当蜡烛燃烧时，其中的碳原子与氢原子分别和氧原子结合成二氧化碳与水，扩散到大气中。这些原料转化为生物组织时需要吸收太阳能，燃烧时又释放了出来，而且过程飞快，以致蜡烛火焰最热部分的温度可达 2500 华氏度（1400 摄氏度）。

然而，当氧气处在细胞这个可控的范围内时，它便不再是一头怒气冲天的狮子，而更像一只训练有素、嗷嗷待哺的家猫。举例来说，当蜡烛火焰中的高温石蜡开始分解时，氧气猛扑到火焰上，转眼间碳原子和氢原子就已经落入了它的魔爪。而当富含碳元素的食物在体内发生氧化时，虽然产生的是相同的废物（CO_2 和 H_2O），却经过了两个步骤。当你吸入空气时，氧气不会像蜡烛燃烧时那样捕获碳原子，因为在细胞内部这个相对温和的环境下，氧气会去专一地捕获氢原子。想想你有多幸运，细胞呼吸产生能量的速度很慢，释放的速度足以保持你的体温而又不会把你灼伤。

要想象这个过程如何开展，可以借用阿尔伯特·爱因斯坦的"思维实验"技术，当你再一次呼吸时，让想象力随着氧气分子滑落到你的喉咙，并进入你的肺。你刚刚吸入的空气中大约有 3/4 的氮气，除了让你的肺保持膨胀，它们对你没有任何作用。你的目标是空气中那由氧气分子构成的 21%，但你只能通过在混合物中仔细搜寻来获取，就像从一堆糖豆里用勺子挑出那些颜色你喜欢的那样。

随着你的胸腔扩大且空气被压缩进去，这些气体通过头发丝一般细的支气管挤压到数以亿计的肺泡中，这些泡沫一样的肺泡形成了肺内部粉红色的海绵状结构。它们的表面具有吸附性，全部表面积加起来接近 750 平方英尺（70 平方米），几乎相当于单打网球场面积的 1/3。在那里，大多数空气分子被挤进肺泡之间的狭窄空间，那里的毛细血管将它们聚集起来。从微观尺度上来看，你的血液就像满是挤满半透明深红色斑点的液体，当肺部搏动时，它们只花不到 1 秒钟便挤进肺泡中。这些红细胞像一辆辆快速移动的车辆，它们可以载着氧气穿过数百英里的血管抵达你身体的任何地方。

与此同时，刚刚在细胞中产生的二氧化碳从血液中逸出并进入肺泡中。在整个过程中，大部分新吸入的氧气只是简单地又从肺里面被吹了出来。尽管看起来有些浪费，但这种低效却也有好处。残余的氧气可以在口对口人工呼吸中对无意识的人发挥作用，而不会让他们因为二氧化碳窒息而死。

1 品脱（0.47 升）的血液大约可以携带 0.2 品脱（0.094 升）的氧气，几乎足以维持人体 1 分钟的静息状态。不过在这个从肺到细胞然后又返回的旅程里，氧气的含量逐渐下降。当静脉血将气体重新送回肺泡时，跟肺部中的空气相比，其氧气含量几乎可以忽略，而这种不平衡可以驱动更多氧气扩散到血液中。

如果说氧气分子是有目标的话，那么当它们进入你的身体时，最首要的目标就是在你的体内分解。但是如果你想陪着氧气分子一起到你的细胞中走完它的人体之旅，你只能把自己变成一种形而上学的东西。你也不得不这么做，因为很显然，你不可能变成不可压缩的原子后还是你自己，就像一栋由砖盖成的大楼缩减为一块砖后不可能仍然是这栋楼。把原子范围的尺度放大到适应你的尺度同样不适用，因为在这样的奇幻世界里，你周围每样事物的运动速度都会快得离奇。原子只有人体的百亿分之一那么大，所以，氧原子从心脏到双手的旅程就相当于人类尺度下的数百万英里那么远。手臂肱动脉的血液在 1 秒钟内就可以走完这个旅程，如果放到宏观尺度，原子的运动速度需要超过光速才可能完成同样的事情，而爱因斯坦关于相对论的研究早已说明这不可能发生。

即使忽略这些由缩小和放大带来的逻辑问题，原子领域也比我们熟悉的常规世界要奇怪得多。原子变化很快，并且电子云的外边界不稳定，以至于被观察对象的原子表面并不清晰。这个难以想象的微型世界，不像我们熟悉的宏观尺度——既没有空气可供呼吸，也没有声音可以欣赏，可见光也无法照亮我们要观察的对象。

尽管如此，通过这个思维实验，你还是可以去想象你的所见所感：将一个皮肤细胞放大 100 亿倍，将会成为一座 300 英尺（90 米）高并充满生机的小山，这样你就能更容易地看到氧气在里面是如何发生变化的。在这样的规模下，组成细胞的原子就如同沙粒一般大小，而此时你的身体躺下来的时候则占据巨大的空间，头在纽约，腰身横跨太平洋，而脚却位于澳大利亚。

你现在需要强行钻过一层柔韧的油膜才能进入这座"细胞山"中。山体内很潮湿 —— 我们暂且接受这个设定，假设你在充满多糖物质的细胞里还能呼吸。山体内的场景看起来极富工业特征，结构蛋白质构成的线缆有手臂那么粗，延伸到四面八方，支撑着细胞外形。

旁边不远处就是你要参观的目的地 —— 一个圆柱形气泡状的物体，差不多有拖拉机车斗那么大。这是线粒体，一座活的能量车间，食物就是它的燃料。你的每一个细胞中可能含有的线粒体数量从几十个到上千个，并且它们形态各异，可能像豆荚也可能像面条。正是在这些线粒体中，你所呼吸的氧气来到了它们命运的终点。

细胞中的酶以及线粒体的核将食物的分子粉碎，形成一堆由大量电子、氢离子以及二氧化碳构成的大杂烩。线粒体核周围是一层软膜，其中嵌有一系列蛋白质，电子便由它们吸收，有一些还会在电子通过时发生抽动、弯曲或者翻滚。正是由于这些分子机器的运转，化学能才得以储存，并为肌肉和代谢提供动力。有的时候，这个过程也会帮助身体产生热量。

最后，每一个完成能量转移的电子都完成了最后一跃，从而为后续赶来的电子腾出空间。而这里，就是你对含氧空气有所需求的精确地点。

利用这些跳跃的电子，氧气从粉碎后的食物分子中拴住了氢离子。在这个食物与空气参与的转变过程中，进食与呼吸这两个过程得到的不同成分完成重组，并产生水分子，也就是人体中代谢生成的水分。在过去几天中，在吸入的氧气的协助下，你的静脉中有1/10的液体是通过这种方式生成的。因此，空气和水之间的关联比炼金术师们想象的还要紧密，因为它们可以互相展现对方原子的重组。

这，便是你呼吸的原因。你利用空气启动了细胞这台微型机器，又花上一点时间收拾了那些潮湿的废弃物，并通过呼气、流汗等各种方式将它们排到周围环境中。通过这种方式，你将火焰中的碳、氢氧化反应分割成了两个独立过程，从而也显示出"生命之火"这种比喻并不那么恰如其分，更贴切的说法应该是，你每一次吸气，空气都成为你身体的一部分。

地球的"呼吸"

你每天置身其中并吸入肺部的空气，在不同的时刻和不同的季节都会有变化，其变化幅度超出你的想象。这只是拉尔夫·基林（Ralph Keeling）的众多发现之一，这位斯克里普斯海洋研究所（Scripps Institution of Oceanography）的科学家测试大气的方式和警察用酒精测试仪对司机进行呼吸检测的方式如出一辙。

基林从事氧气含量测量的工作已逾20年，这些空气样品从夏威夷、南极洲以及其他很多地区收集而来，并被密封在小瓶中送到他位于加利福尼亚州拉荷亚（La Jolla）的实验室。如同从呼吸中能检测出微量酒精一样，大气中组分的微小变化就可以证明很多问题，比如人类、植被及浮游生物对地球的影响。

森林，我们经常会说它们是"地球之肺"，因为它们制造了我们所需的氧气，但这个比喻在某些方面并不恰当。肺并不会制造氧气，与此相反，它是消耗氧气的器官；并且基林的研究证明，你所呼吸的氧气中只有一半来源于陆生植物，剩下那部分是由海洋中的藻类以及蓝藻（又叫蓝绿藻，蓝细菌）贡献的，此外还有很少的一部分来源于上层大气中水蒸气的分解，太阳以及遥远恒星辐射的放射线为此过程提供了能量。

不过，结合了基林已故父亲——查理·大卫·基林于1958年在夏威夷莫纳罗亚天文台（Mauna Loa Observatory）发布的二氧化碳分析结果来看，长期的氧气记录数据却与医学呼吸检测仪的读数显示出近乎诡异的相似性。氧气浓度的年度上升波动恰恰伴随着二氧化碳的循环式下降，这些数据共同打开了一扇神奇的窗户，揭示了地球同植物间的原子级关联。

基林最初研究大气时，曾以为不同地区间的差异会比较明显。让他感到惊奇的是，在排除森林与城市影响的偏远地区，采用同种方法收集到的空气样品几乎没有差异。直至今日，大气混匀的程度和速度还是超出科学家的想象，夏威夷与加州拉荷亚市斯克里普斯码头的二氧化碳平均浓度非常相似。

除此之外，同样值得关注的是，大气记录中还出现了很多类型的节奏性波动。每个白天，二氧化碳的浓度都会缓慢下降，到了晚上又会恢复，而更大规模的季节性波动则是由夏季的波谷与冬季的波峰构成。当拉尔夫·基林继承其父遗志开始测量氧气浓度时，他得到了类似的曲线，但趋势正好相反。通过这些数据，我们可以看到，随着地球的自转和公转，地球的大气对无数植物和微生物的呼吸做着回应。

促成这一脉动的"起搏器"是太阳。黎明时分，加利福尼亚苏醒过来，拉荷亚的草坪和棕榈树便开始向空气中释放氧气，并从空气中吸取二氧化碳；此时此刻，太平洋海面上漂浮的浮游生物也在做着同样的事情。地球的自转还在继续，直到夜幕降临之时，氧气的生产过程被迫终止，但细胞里那些生产二氧化碳的小工厂却还在持续运转，因为它们不需要太阳能。从而促使当地的二氧化碳水平重新恢复，而氧气水平相应下降。

类似的过程也体现在因季节更迭引起的大气变化中。春天，万物复苏，芽生叶长，氧气浓度迅速提升，而二氧化碳有所减少。到了这一年的晚些时日，光合作用变缓，同时枯叶腐烂释放出二氧化碳，于是跟春季相反的变化趋势便发生了。基林的图表揭示了一种锯齿效应，相比观看，如果你是在倾听这种波动，它听起来就好比长跑运动员的喘息。可见氧气的曲线大概就是："在春天里努力地呼出，在冬天里深深地吸入。"然后周而复始。

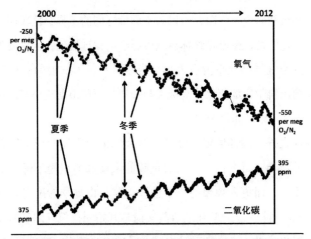

●莫纳罗亚火山周边的空气中氧气和二氧化碳浓度在2000年到2012年之间的季节性周期变化与趋势。氧气浓度整体呈下降趋势，主要是因为化石燃料的燃烧和开荒造成的山火与腐烂。感谢斯克里普斯氧气研究项目提供的数据

这里要再一次提起，"地球之肺"的比喻是不太恰当的——不光是说这些"肺"会呼出氧气，而且它们的这一进程还不同步。当一个半球呼气时，另一个半球正在吸气，如果哪位运动员胸腔中那两片肺叶也是如此工作，恐怕会招致不少关注。

基林的记录还清楚地显示出我们人类对大气的影响，不过多数

是破坏性的。2013 年的早些时日，温室气体二氧化碳的平均浓度达到了 400ppm（ppm 表示百万分率），相比 20 世纪 50 年代时约 312ppm 的平均值有所增长。引起这一变化的主要原因是化石能源的燃烧，以及砍伐森林引起的腐烂与烧山。不同于光合作用，就跟人类的肺一样，这些现代社会里的人工"肺"消耗的是 O_2，释放的是 CO_2，而且这样的行为一直保持着相当大的规模。

当二氧化碳的长期观察记录稳步增长之时，全球平均气温也在同步上升，而氧气的含量却在下降。根据斯克里普斯的 O_2 项目网页显示，拉荷亚的氧气浓度自 1992 年至 2009 年，已经下降了 0.03 个百分点。拉尔夫·基林在接受《圣地亚哥联合论坛报》（*San Diego Union-Tribune*）的采访时曾说，这是全球性的"燃烧信号"。

在全球变暖的危机以外，我们现在是否需要担忧氧气被耗尽呢？基林的观点是没有必要。在另一次接受《联合论坛报》采访时，他解释道，空气中的氧气含量是很充足的，微小幅度的损耗并非什么危机。然而，"氧气的变化趋势帮助我们理解，是什么控制了 CO_2 的增长"。斯克里普斯 O_2 项目的报告中提到，自工业革命起，大约有 1 万亿吨的氧气因燃烧化石能源被消耗，但相对大气中海量的氧气储备而言，也只是总量的 0.1% 而已。这个比例对人类的健康影响微乎其微，而在没有不良因素影响的大城市，季节性的氧气水平变化常常可以达到 10% 或更高的比例。

地球上氧气的储备如此丰沛，以至于全世界所有的植物及浮游生物的年度产出几乎不能对其构成影响。空气中飘浮着 1000 万亿吨的氧气，大约相当于它们两千年的产出总和。在更为寒冷黑暗的季节以及夜晚时，光合作用不再进行，生命仍然可以找到那些很久以前就产生的氧气而得以生存。

要想从个人的水平理解这一巨大的概念，你或许可以四处走走，接触那些正在维持你生存的氧气制造者。森林研究员大卫·诺瓦克（David Nowak）和他团队出版的《树木栽培与城市林业》（*Arboriculture & Urban Forestry*）一书讲道，平均1英亩（4047平方米）树林一年生产的氧气足够8个人维持生息，当然精确的换算关系还取决于树种、树龄以及树木生长的环境等。全美国的城市树木每年可以生产出6700万吨氧气，足够维持2/3的美国人生存了。相关报告的城市名单显示，全美氧气生产量的桂冠由郁郁葱葱的佐治亚州城市亚特兰大摘得，这里的树木每年所产生的9.5万吨氧气几乎可供此处所有居民呼吸。纽约市与华盛顿特区分别摘得榜眼与探花，每年分别生产6.1万吨和3.4万吨氧气。新泽西州的费里霍尔德（Freehold）排名垫底，每年的产量只有区区1100吨。

在城市中种树有很多美好的理由，冬暖夏凉也好，美化环境也好，却没有以生产氧气为目的。即使在寸草不生的沙漠里，你也能轻松地找到充足而又完美的氧气用于呼吸，对于新泽西的费里霍尔德也一样。而且不管你身在何处，即使在冬季，本地的树木已经落叶或休眠之时，你仍然可以获得足够的氧气。大多数你吸入的氧气分子来自远方，并且拥有很长的历史，你下一次呼吸的氧气中，也只有很少一部分是在过去一年内生成的。

尽管你或许会很容易展开联想，植物是为了我们的利益才生产了氧气，但事实上，你吸入的氧气，不过是这些光能收集者为自己准备盛宴时不小心撒出来的面包屑而已。植物也和你一样拥有线粒体，它们生产的氧气大多被自己消耗了。无论森林还是海洋所生产的氧气，其实都只是泄漏物，而且大部分在逸出后很快就被锈蚀、腐烂和燃烧等过程消耗了。如果死去的植物、动物和微生物不是在腐烂或焚烧前就大量被土壤和海洋沉积物掩埋，那么大气中的氧气含量最终会降到接近于零的水平，所有人都会窒息。

你的另一个氧气来源或许可以通过从海水中拉起一张细眼渔网而找到，如果捕获物接近于棕黄色，那么你可能收集到了硅藻。在显微镜下，它们看上去就像是一块块包裹着玻璃外壳的金色果冻，看上去有的像雪花，有的像针头，有的则像是精心设计的轮毂罩。其他一些可以发生光合作用的浮游生物，通常具有奶油状白垩外壳或是像一串绿色的孔雀石珠子。海带则类似植物的近亲，其外形可能像是绿色的膜，或是一张棕色的软质橡胶垫，又或是起皱的莴苣。拉尔夫·基林测算，每年北半球海洋生物通过光合作用产生的氧气接近 300 亿吨，南半球还要多出一半。

如果你穿过大气来到高空，或许氧气短缺会成为问题。重力作用使得气体分子在低海拔的位置聚集，在海平面上，每平方英寸的气压大约是 15 磅（1 个标准大气压 = 14.696 磅 / 英寸^2 = 101.325 千帕）。这个压力不会让你感到不适，因为在你的体内到处都分布着空气，内部压力与外部压力刚好匹配。这种感受更像是在游泳池中漂浮，而不是在头和肩膀上顶了一个重达 3/4 吨的水球。如果不是坐飞机或是在高山上行进时耳朵有些不适，我们大多数人甚至都不会注意到这股始终存在的压力。

根据 altitude.org 提供的在线气压计，在一座海拔 1 英里（1.6 千米）的山峰上，你仍然可以获取相当于海拔零点处 83%

●肉眼观察空气压力。左图：一只塑料瓶在秘鲁安第斯山脉海拔 15 500 英尺（4724 米）的高度上封紧瓶盖，这里每一次呼吸中的空气分子都只有在海平面呼吸时的一半。右图：同一只瓶子未经启封带到接近海平面高度的利马，更稠密的空气分子产生的压力将瓶子挤压变形。照片由科特·施塔格拍摄

的氧气；然而当你爬到 1.5 英里（2.4 千米）左右时，空气变得更稀薄，氧气浓度也降到了 75% 以下，高原反应便可能成为实际麻烦了。人们有时会在高空飞行的航班中感到头痛，很多时候就是因为舱内低压导致的轻微缺氧，这种情况与身处海拔 1.5 英里高的山上类似。

有些人群的祖先在高海拔地区生活了数百年，由此可能形成基因突变，从而使他们更能适应缺氧状态。多数西藏人都比其他人群的呼吸速度更快，并且每一次呼吸可以吸入更多的空气，这便是因为基因遗传让他们能更好地适应氧气短缺的情况。安第斯人的血液中存在大量的变异红细胞，具备从空气中提取更多氧气的能力。

但是即便是这些拥有特殊基因的人群，长期在世界最高峰生存也是不可能的。很简单，我们与那些具备光合作用的生物之间存在着原子级的关系，而这个关系不能太过遥远。

人与植物间的氧交换

严谨的研究证明，我们呼吸是为了从空气中获取氧气，并将其转化为水，因而这种对氧气的需求多多少少将我们和植物串联了起来。但是，这就一定是植物与人类之间的重要关联吗？为了追踪更多细节，我们需要更多地关注氧原子而非氧气分子。

想象一下你和身边一盆植物之间的原子级关系。如果你和你的植物在一间明亮的房间里一起生活几个小时，你便可以玩一个"在不同分子形式中获取特定氧原子"的游戏了。为了进行这个异想天开的思维游戏，你不能使用你呼出的 CO_2，因为植物会将它转变为自己的一部分，从而使得要想重新收回你呼出 CO_2 时所释放的氧原子，最主要的手段便只能是吃掉这棵植物。

相反，如果你吸入一个由这棵植物释放出的氧气分子，你的细胞会将其转变为代谢水。这时，氧原子就从氧气分子中分离了出来，并"变相"成了 H_2O，或许通过你的呼吸逃逸出来，并以水蒸气的形式随着空气飘到了植物旁边。如果这个水分子进入叶片中，它会被光合作用分解，氧原子获得自由，再次参与构成一个新的氧气分子，其中那颗随着水汽被你呼出去的氧原子，又重新回到了你体内。

　　在舍勒、普利斯特里和拉瓦锡之后的很多科学家继续进行研究，得益于这些发现，你的想象力可以插上知识的翅膀，去跟踪植物的这个交换过程直至细胞层面。帮助植物将水转变成氧气的细胞器是叶绿体，从大小和形状上看，它都很像线粒体，但内部挤满了多层的膜，就像千层饼。当阳光照射到叶子上时，那些固定在叶绿体膜上的翡翠色分子也会受到一部分阳光的刺激。这些被阳光照射的叶绿素，反过来又会对其他分子机器发射电子，并帮助推动糖的合成，之后这些糖将形成树液、茎、花和种子。

　　但此处还有一个问题——叶绿体在"发射"后还必须重新"装弹"。在叶片中，水分子是最方便的电子来源，而叶绿素则非常擅长从水分子中获取电子并释放氧原子。游离的氧原子于是重新组合成气体分子，可以被邻近的线粒体直接消耗，也可以逸散到空气中，或许最终就会造访你的肺。

　　阳光在地球表面的投射范围巨大，因此每一天都可以激发大量光合作用。如果水分子能再大一些，你或许都能听到它们像鞭炮一样爆裂的声音，因为靠太阳能生活的植物会将它们打碎，并将这些分子"弹片"喷射到空气和海洋中。在这一混乱过程中生成的氧气面临许多可能的命运，但无论是融入锈斑中、闪电中，还是你指尖的细胞中，它们最后都会以毁灭告终。

　　但是如果氧气分子也有意识的话，它们一定会很乐意迈开步伐去做这些事。在一个充满生命的星球上，任何一个分子的消亡都是不可避免的，在历史长河中也是无关紧要的。根据理论推测，按目前全球氧气的生产速率，需要几百万年才可以将海洋里的每一个水分子分解一遍，而汉斯·莫尔（Hans Mohr）和彼得·朔普费尔（Peter Schopfer）在他们合著的《植物生理学》（*Plant Physiology*）中曾测算，自4亿年前陆生植物进化出森林以来，它们的光合作用相当于将所有地表水分解了60遍。

从地质学的角度来讲，你所使用的大多数水和氧气都是比较年轻的，它们的年龄普遍只有几个世纪或数千年，而非数百万年。因此，尽管我们和恐龙呼吸同样的空气、喝同样的水的想法很酷，但在很大程度上，这并非事实。

另一方面，构成这些氧气与水的原子的历史就要悠久多了，它们不仅将你跟大气、海洋和地球上的其他生物相联系——你的原子还可以连接到更远的空间与更久的时间。

你的氧诞生于远古的恒星爆炸

如果你可以检测舌尖上分泌的单个水分子，或许你能发现宇宙两个不同历史阶段留存下来的遗迹。138亿年前，在宇宙大爆炸发生后不久，属于你的那些氢原子就在亚原子颗粒的云团中凝聚出来了。但氧原子还完全没有出现，因为氧原子需要在恒星中形成，而此时第一颗恒星都还没"出生"。你体内的那些氧原子比氢原子要年轻几百万岁，甚至几十亿岁。

当原始的氢原子聚集成团簇，并变得足够庞大、密度足够高、温度足够热，足以引发核聚变反应——第一代恒星就被点燃了。太阳核心的温度高达数千万摄氏度，其能量也来自类似的反应。在那团无比灿烂的等离子体中，电子脱离原子核的束缚，失去电子的原子核直接轰击了其他没有电子云保护的原子核。如此猛烈的撞击使得带正电荷的质子克服了相互之间的斥力，用更强大的核力（强作用力）把它们结合在了一起。新形成的结合体是氦原子（Helium）的原子核，一个以希腊太阳神赫利俄斯（Helios）命名的元素。太阳能够在9300万英里（1.5亿千米）以外促成地球上全部的光合作用，能够让你躺在沙滩上晒日光浴，靠的都是核聚变产生的巨大能量。

然而，你体内的氧原子诞生于更大的恒星中，这样的恒星可以使氢原子聚变成更重的元素。在水分子中，氢原子依附于占绝大部分质量的氧原子，但形成氧元素的核曾经与更轻盈也更古老的氢原子是完全相同的。当超巨星逐渐衰老并死亡时，新形成的氧原子就像花粉一样，从这朵明亮的火焰之花上飘落，飘散到了太空中。对夜空的观察好比是在游览一座花园，组成生命的各种元素在花园中渐渐成熟，而你的身体就是恒星花园收获的果实组成的复合体。纵观整个历史，人们常会说太阳为父大地为母，或许反映着传统性别角色的主流观点。但从原子层面上说，更精确的阐述应该是，地球和太阳都是我们的兄弟姐妹，因为形成它们的恒星残骸，其成分和我们体内的元素一模一样。从某种意义上讲，地球确实是我们的代孕母亲，因为我们的身体起源于它，但我们如今能够存在，根本上还是因为那些已经死去很久的恒星生母，愿你呼吸的下一口新鲜空气是献给它们的追忆。

氧在空间和时间里的循环

从太空中看，地球就如同一颗淡蓝色的珠子——这一形象是美国航空航天局（NASA）太空计划做出的最重要的贡献之一（指

NASA 拍摄了第一张地球在太空中的照片）。尽管这颗行星上原子数量非常庞大，但终究还是有限的。如果看一看云层掠过地球表面的卫星视频，你会发现，那些拽着云层划过弧形地平线的风，或许片刻就会出现在相反方向的地平线上：这很形象地印证了那句老话"What goes around comes around"的字面意思（这句英文谚语的含义为：种什么因，得什么果）。

当从很远的距离观察时，天空就好像是一层极薄的薄膜，其中的大多数分子都被挤在仅有 10 英里（16 千米）厚的薄层中，而地球的直径却有将近 8000 英里（1.27 万千米）。在海拔零点处 1 立方码（0.76 立方米）的空间里，含有数以兆亿计的原子，但仅仅在一层雾状的"皮肤"以外，便是太阳系中的相对真空，在这里，如果你要尝试呼吸的话——当然不会成功——你的肺每次只能吸入可怜的几粒原子。当你将来再看到从太空拍摄的地球照片时，最好试着说服自己，那些无处不在且不断喷出污染物的烟囱，并不会将有害物散播到空气中，而这宝贵的空气正供养着你和你爱的人。

基林和他的同事史蒂芬·谢茨（Stephen Shertz）揭示，植物和各类浮游生物产生的氧气，会在 2 个月内遍布半个地球，而遍布整个地球也只需 1 年多一点的时间。大气中氧气与二氧化碳的平衡与生物活动之间的敏感性表明，这种循环并非只是短暂趋势，而是这个星球上所有生物在原子层面上一直都在践行的传统。

我第一次被这种思路打动时，还是在 20 世纪 60 年代初，当时我本该做家庭作业，实际上却是在看一本漫画。我已经记不起那个故事的标题和主要内容了，但其中一幅图却一直萦绕在脑海中。图中有一位满头华发的发明家，屈身坐在工作台旁，文字旁白的大致意思是："你现在呼吸的一部分空气分子，也是列奥纳多·达·芬奇曾呼吸过的。"

当时我还是个孩子，很难完全理解那篇故事的立意，甚至不知道为什么列奥纳多会是主角。难道是因为他比我们大多数人呼吸了更多空气吗？不过很多年以后，当我知道列奥纳多是众多历史人物（包括尤里乌斯·恺撒、耶稣、莎士比亚和希特勒）中唯一一个经常阐述呼吸循环的人时，我才感受到了这个观点的迷人之处。从网络上对这个话题的点击量来看，很多人也跟我有一样的感受。

你必须谨慎挑选一些事实和数据才能得出一个结果，然而多数数据来源报告都显示，你每一次的呼吸中，有 1 ~ 15 个原子是提出问题的那个人（达·芬奇）曾经呼吸过的。为了继续这个研究，首先一个必要的数据就是大气的总质量，也就是由凯文·特伦伯斯（Kevin Trenberth）和莱斯利·史密斯（Lesley Smith）在 2005 年估算的 5000 万亿吨，他们两位都在位于科罗拉多州波德（Boulder）的国家大气研究中心工作。这也就意味着一共有大约 10^{44}（这个数字大到难以想象）个原子存在于空气中，其中 1/5 是氧原子。

如果再考虑与海洋之间的气体交换、肺部的平均体积以及人类的平均呼吸频率等，你每次的呼吸也就很可能接近 1 ~ 15 个"列奥纳多原子"这一范围，从而得出同样的基本结论：同一个世界，同一个大气。不过要想让你的计算结果更加精确，你还需要挑选更合适的气体才行。

举例来说，1 ~ 15 的估算结果并不适用于氧气，因为这种气体不够稳定，不会在空气中存在这么久。细胞、森林大火、闪电以及太空辐射迟早都会将其撕碎，并转化为水或其他化合物。在一部拥挤的电梯里，你不得不和你的同伴共享一部分氧气分子，你的肺不会将吸入的氧用尽，剩余的那部分会在人与人之间继续传递。但是放大到行星尺度，你和列奥纳多或更久远的历史人物共享氧气分子的概率接近于零。你所呼吸的大多数氧气都还不会如此长寿。而尽管氮气更为充足，更为稳定，也会通过食物链完成循环，然后再回到大气中。

更有助于用来解释空气循环的气体应该是不会被生物体产生或消耗的。美国天文学家哈罗·沙普利（Harlow Shapley）采用氩气作为计算对象，这也是被广为采用的选择。

氩气在大气中广泛存在，尽管它只在总量中占了不到1%。比例小其实也不坏，呼吸高浓度的氩气可不是什么好主意。氩气比大多数气体密度更大，所以一旦吸入，再将其从肺部呼出也会更困难些。工业事故中氩气导致的窒息比有毒气体（如氯气）造成的死亡还要常见。不过1%的比例不值得过于担忧，而对沙普利的思维实验来说，这一点却使氩气成为便捷的示踪气体，从而得出高度精确的估算结果，也就是每一次呼吸中，大约有15个氩原子是曾经被某人（如列奥纳多）呼吸过的。

在他1967年发表的《呼吸过去与未来》(*Breathing the Future and the Past*)一文中，他生动地描述了每次呼吸中的氩原子，我忍不住要在此处引用：

> 我们不妨叫它"X呼吸"。它迅速蔓延。其中的氩气，清晨时分刚刚呼出，黄昏时分却已飘散到四邻。一周过去，它已经遍布整个国家；一个月过去，它已占领风可到达的所有角落。到年底时……（它）将会在这个星球上所有自由的空气中均匀分布。而此刻，你也将会再次呼吸到同一个原子……
>
> 重新呼吸到那些曾被呼吸过的氩原子，无论来自你自己还是其他人，都有着别致的暗示作用。这些氩原子，用一种空气式的结合，将我们的过去和未来紧紧相连……这是一个气体银行，你向其贡献了很多氩原子，我们也都会从中再提取，地球上每一个婴儿出生后的第一次呼吸中，都包含着你一年前曾经呼吸过的氩原子。而这也是一个残酷的事实，因为你也向每个

垂死之人的最后一次呼吸贡献了部分氩原子。

　　早些年间的每一位圣人和每一位罪人，每一位普通人和每一头野兽，都将氩原子投入到这所公用的气体银行中……这里的氩原子来自最后一次晚餐的谈话，来自雅尔塔会议的辩论，也来自那些经典诗人的朗诵……我们接下来的呼吸，也许就来自历史上甚至史前的鼻息、叹息、咆哮、尖叫、欢呼，或是祷告。

沙普利不是诗人，也不是神秘论者，他的学院精神是无可挑剔的。他在普林斯顿大学修读天文学，并协助建立了国家科学基金，担任过哈佛天文台的负责人，计算出了银河系的尺度。不过我并未因为他散文雄辩的表达感到惊讶，也未曾因为其中散发出的哲理和灵性感到一丝震惊。强烈的情绪暗流往往会在科学揭示的事实和数据之中悄然流露，同样，如果科学发现真正伟大时，它们也会释放深刻的见解和情感。

　　即使亨利·福特这样的聪明人也没有意识到，他其实没有必要用试管去俘获爱迪生最后一次呼出的原子。你可以在任何时候收集样品——顺便也可以收集恺撒、耶稣、莎士比亚、希特勒和列奥纳多最后一次呼吸的样品——甚至其中也有少部分是你出生时第一次啼哭时呼出的空气。

　　在这充满原子的蓝色星球上，呼吸这事做起来实在太简单了。方便的话，先吸一口气吧。

第二章　原子之舞——氢

原子都在跳舞……所有空气中的原子，还有沙漠中的原子，只要我们知道的，都像疯子一般在跳舞。

——鲁米（Rumi，波斯诗人）

如果这个星球上有魔法，那一定存在于水中。

——洛伦·艾斯利

（Loren Eiseley，美国人类学家、哲学家和自然科学作家）

当你穿过一座桥的时候，你会惊叹于那些坚固的吊索，却会忽略那些让你（或它们）不会滑落的螺栓。沙拉里的一粒沙砾藏在那些绵软的食物里，却会在嘴里引起你更多的注意。如果你已经饥渴难耐，那么一杯白开水也是甘露。生命中，最简单的东西有时却意味着不可或缺。这句话对你身体里的基本原子构成也是适用的，没有它们，你也就不存在了。而这其中，最基本的元素莫过于氢了。

氢原子的结构最为简单，只有一个质子和一个电子，剩下的绝大部分空间都是空空荡荡——跟所有原子一样。但你要知道，对于你和这个世界而言，这个最朴素的原子却极为重要。没有氢，水也就不再存在（氢的英文"Hydro-gen"意思就是水由氢和氧生成），因此全世界的海洋、云层和极地冰盖，以及你身体里 60% 的物质都将消失。你的肌肉会解离成没有用的碳纤维缠绕在一起，骨骼会崩溃，细胞则会因为没有细胞膜的保护而融化。而这些都会在一个异常黑暗的世界里发生，因为太阳和恒星也都会消失不见。然而你对氢的需求其实还有更多，并且氢也是其他生命元素的祖先。

我的一个朋友常说："给氢元素足够的时间，就会变成人。"从长远的角度来看，这句断言是正确的。氢是在宇宙大爆炸后不久最先产生的元素，并引燃了最初的恒星，所以氢是你身体中最古老的原子形式，在宇宙中其他地方也是如此。氧原子，实际上可以追溯到氢原子核在次生代恒星上发生的氢核聚变。它们"骑在"氧原子上形成水分子，在辈分上它们却是氧的叔叔或婶婶。

不过我朋友的这个说法在另一个更直接的角度而言也是正确的。上万亿的氢原子正在支撑着你，还有很多放弃成为水蒸气分子，而紧紧偎依在你头发的原子骨架上。类似的关联还发生在沙漠鸟类的翅膀与仙人掌之间，在大象尾巴上的毛与雨滴之间，在古代木乃伊的头发与当地的饮用水之间。我们很快就将看到这一切是如何发生的，不过首先你应该知道被我们称为水分子的"原子三人组"的其他逸事。你会说它们是在跳舞。

绚丽的舞姿 —— 布朗运动的发现

1827 年的夏天，苏格兰植物学家罗伯特·布朗（Robert Brown）从一些紫色的克拉花（Clarkia pulchella）的花心中采下花粉，并与水滴进行混合。通过用他的黄铜显微镜观察，布朗注意到了很奇怪的事情。在他的镜头下，细碎的花粉涂片漂浮在湿润的介质上，看起来似乎正在颤抖。

布朗很自然地认为，这种振动是花粉自身产生的。他在笔记本上写下："不是由水流产生，也不是由缓慢蒸发产生，而是源于颗粒自身。"和他那个时代的很多科学家一样，他深受古希腊哲学—科学家们的影响，确信有机体中存在着一种神奇的力量，可以形成生命。

或许他眼前看到的，实际上正是生命的本质！

不过作为一位严谨的科学家，布朗为了验证他的猜想，还试验了其他一些花粉和孢子，用"绚丽的动作"一词记录了碎屑的振动。然而令他吃惊的是，在悬浮液中，没有生命的物质和生物样品一样，也会出现颤抖——石棉纤维、金属粉末，甚至来自斯芬克斯像的石头碎屑样品，都是如此。这些样品通常来讲都不具备神奇的生命力量，只是都有液体围绕着它们而已。

我们现在都已经知道这些运动确实是由微粒所引起的，但布朗通过简易显微镜看到的那些颗粒比这些微粒大数千倍。为了跟上当时的时尚，他将这些振动的微粒称为"分子"，因为"分子"一词从字面上翻译就是"很小的东西"，所以他命名的术语从技术上说是很精确的。然而，他真正看到的其实是不可见的水分子对那些悬浮颗粒的猛烈冲击。从某种意义上讲，他也看到了自己。在我们所有人的身体里，正是因为分子的这种"动荡"，才让我们能够活着，就像传说中那神奇的力量一般。

这种运动在亚显微镜的尺度下发生，因此罗伯特·布朗的设备并未达到真正的观察深度。他所观察的颗粒几乎是不可见的，可能也就是直径1微米左右，或者说是指甲厚度的千分之一。动荡的水分子比起这些来，还要小上几万倍，甚至比光的波长还要小——而光线是让我们看到事物的原因。如今，比光学显微镜更为强大的电子显微镜给分子和原子制作了生动的图片，但并非真正意义上的照片，因为这已经超出"可见"的正常范围了。它们只是窥探了分子或原子的位置和形状，就像一个读取黑胶唱片凹槽的留声机针头一样。但是尺度小并非分子和原子难以被观察的唯一原因，还有一个重要问题是它们并非想象中那样静止不动。

在2013年，IBM的一个研究团队为了拍摄单一分子的首张"定格电影"，不得不将样品冷冻到零下450华氏度（零下268摄氏度），从而使被观察对象的运动慢到足够可以被操控。这部名为《一个男孩和他的原子》（*A Boy and His Atom*）的电影现已被《吉尼斯世界纪录》收录为全世界最小的定格电影，其情节是珠状的一氧化碳分子排列成简笔画的人物形象，其中一个分子充当了玩具。聚焦如此清晰的图案是绝不可能在室温条件下拍摄出来的，因为持续抖动的分子会以接近每小时 1000 英里（1609 千米）的速度逃离出视野。

自由运动的分子和原子具有超凡的速度，以至于它们会多次极速地冲撞那些同样精力充沛的邻居。在海平面高度下，处于室温条件的一个氧气分子在 1 秒内会被它的同伴撞击超过 10 亿次；如果你能让你的手在看似平静的空气中保持绝对静止 1 秒钟，它将会遭受超过 10^{24} 次这样的冲击。你周遭的空间看起来空无一物，实际上却充满着这些横冲直撞的分子，如果它们多到可以让你清晰地看到时，你也许会因为吸入或穿过它们而感到反胃。不过即便是你自己，也不可能做到保持静止，因为你身体内的原子和分子仍然会疯狂地互相冲撞，或是拉拽束缚它们的化学键。

大量分子包围着罗伯特·布朗的样品，不断从各个方向撞击着这个"庞然大物"，以此宣示它们的存在。由于分子数目的微量差异，颗粒在不同方向所受的力并不均匀，从而产生了随机运动，就好像沙滩球被跳舞的密集人群顶开时表现出的反弹一样。

布朗并非发现这一运动的第一人，尽管这已被公认是他名下的贡献。"布朗运动"这一术语主要用来描述微粒的运动，但实际也反映出更普遍的现象，即所有原子和分子的热运动。如果你曾看到过阳光下光柱中的尘埃闪烁不定，说明你已经见过类似运动了。悬浮颗粒和碎屑被大量不可见的空气分子推搡，闪光正是源自它们对光的反射。

2000 年前，罗马诗人卢克莱修（Lucretius）曾推断过这种尘埃运动的原因，在古典主义学者约翰·塞尔比·沃森（John Selby Watson）翻译的其著作《原子之舞》（*The Dance of Atoms*）中，卢克莱修如此解释："这种无序意味着，物质规律中尚存在着某种隐秘的运动趋势，尽管对我们的感官而言是潜在而不可见的……这种运动源于（原子），并随着温度上升而扩散，以至于被我们所感知。"

卢克莱修和其他一些早期的哲学—科学家思考了世间万物的原子本质，尽管没有任何办法证实他们的直觉。有时，想象力也会将他们带入歧途，例如，卢克莱修曾描述原子是"彻头彻尾的固体"。不过斯蒂芬·格林布拉特（Stephen Greenblatt）在《大转向》（*The Swerve*）这部有关卢克莱修的书中解释道，早期的这些原子论者在思考类似的问题时，想的不仅仅是定量物理学。

根据格林布拉特的观点，现实中的原子性质影响着我们每个人生命中最内在的本质：

> 如果你能持续对自己复述万物存在的最简单的事实 —— 只有原子和虚无，只有原子和虚无……你的生命将会改变。当你听到雷鸣时，你不再惧怕朱庇特的愤怒，当流感暴发之时，也不再怀疑是否有人冒犯了阿波罗。

在如今这个核能与纳米技术纵横的时代，很难相信我们对原子掌握的这些细节是很新的知识，然而，在科技界完全接受原子真实性之前出生的很多人如今仍然健在。直到 1803 年，英国化学家约翰·道尔顿（John Dalton）才提出了正式的原子论，而直到 1905 年，阿尔伯特·爱因斯坦才通过对布朗运动进行数学分析，论证了分子与原子的存在。

当代的专家们可以很常规地去研究特定的原子以及它们在分子

结构中的排布。但是对缺乏必要设备的我们来说，原子存在这一事实对我们的震撼程度跟卢克莱修时代是一样的。

因热而舞

在原子尺度，所有颗粒都一直在运动。即便在最平静的水池或是最坚硬的冰山中，原子也一直在颤抖，不是因为冷而是因为热。物质普遍存在的这种热运动，是最没有规律可言的运动之一。这与真实世界中的随机性非常接近，实际上，数学家们用于驱动随机数生成器的方程便是基于此原理开发而来的。

布朗运动与真实舞蹈之间的相似性并不只是巧合。康奈尔大学的物理学家们，通过对某次摇滚音乐会视频中一群舞者的详细研究，发表了一篇题为《重金属音乐会中狂舞者的集体运动》(*Collective Motion of Moshers at Heavy Metal Concerts*)的论文。他们发现，无序的气体状态，如果按比例缩放到二维的舞池，可以很好地描述这一活动。对此他们写道："这一发现为狂舞与气体之间的相似性提供了强有力的支持。"该论文发表于 2013 年 2 月 11 日，由 *arXive.org* 收录，虽然看上去有些搞笑，但这背后的科学性对群体行为动态分析研究来说，却是具有预测价值的。

当然，真正的舞蹈都是有目的性的，而原子却没有心脏、大脑或脚去实现什么目的。但是通过两者之间的类比，用以说明原子躁动不安的运动方式，也可以帮助我们来阐明真实世界的现象，例如温度。

当温度与热的概念到了原子层面时，就不会像你预料的那样了。在这个范畴中，"热"是一种粒子之间相互碰撞传递的能量。热量越多，粒子碰撞的活跃度就越高。很多与布朗同时代的人都相信，热量是某种很像生命力的力量，但可以适用于所有物质。这种背景能量存在于所有存在原子的地方，并且所有原子因之而舞蹈。即便原子被严格限制在石英晶体或一块骨头中，它们也像坐在座位上感受摇滚乐节奏的观众一样躁动。

另一方面，温度也是一种热效应。当不断增加的热量加速了汞原子的振动时，汞原子之间相互撞击太强烈，就被迫需要扩张，因此水银温度计中的温度和汞平面都上升了。拥挤的舞池也是差不多的状况。人们在静止站立时可以紧紧地靠在一起，但音乐响起的时候，他们就会开始推倚对方，每个人都自动扩张了地盘。被观察对象的温度，其实就反映了其内部粒子舞蹈的活跃度，因热而膨胀的气体也解释了，为什么热空气会上升以及驱动风和其他天气现象形成的动力学原因。

康奈尔大学的研究还指出，温度方程同样也适用于舞池。研究者利用计算机技术模拟了一支紧密排列的"移动活跃性模拟机器人"舞蹈队，通过模仿一群密集的热舞者和其周围的旁观者，研究了其互相碰撞时的动能损耗。"通过对电脑模拟的舞者的运动进行测量，建立了一个径向温度梯度（物体由里向外或由外向里产生的温度差异），"他们如此写道，"计算机模拟的舞池，中心位置温度更高，而边缘温度则相对较低。"

简而言之，对你来说，原子这种因热而驱动的舞蹈在原子层面上维系着你的呼吸与生存。依赖这种热运动，氧气从你的肺里扩散到血液中，信号分子钻过神经细胞与肌肉细胞之间的狭窄缝隙，告诉你该收回那只快要被烫伤的手了。如果你在冬日里摘下手套并抓住某人被冻得冰凉的手，你身体上那些碰撞更激烈的原子会"鼓舞"对方那些缓慢的原子，与此同时，一波波扩散的离子将这种感受，通过你的神经系统传导到你的脑中——或者更形象地说——传导到你的心里。

在整个过程中，氢原子扮演的是什么角色呢？首先，人身体的2/3都是由含氢水分子构成的。如果你是一个150磅（68千克）的成年人，你身体的大部分都是由紧贴在一起的10磅（4.5千克）的氢和80磅（36.3千克）的氧组成的，它们通过各种途径进入了你的身体。从某种意义上讲，正是它们维持着你此时此刻的存在。如果更仔细地观察它们在你身体里所做的事情，你也许会更加开心。

人与环境之间的氢交换

原子振动的本质会帮助你理解"你为什么是你"这一问题，也有助于你记住水分子的轮廓形似米老鼠脑袋这一特点。

两粒氢原子骑在一粒氧原子上，占据的是氧原子同一边半球相对的两个位置，因此水分子看上去就像是球形的米老鼠头部长着两片圆形的耳朵。氢原子这样的排列方式使水分子形成轻微的偶极，两端电荷相反，从而给水分子带来很多奇特并能维持生命的性质。在水分子这个"米奇脑袋"上，耳朵的位置具备轻微的正电性，而脸颊处则是轻微的负电性。这会有什么影响呢？你一定听说过"异性相吸"，所以这种不对称性就使得水分子间倾向于以耳朵靠脸颊的方式相互吸附，就和其他带电物体一样。尽管这种被称为"氢键"的作用力比起构成分子的共价键弱得多，但它们对你和整个世界的影响却是令人印象深刻的。

当你出汗的时候，你就能感受到氢键的影响了。你皮肤表面的温度促使汗水中的分子运动加剧，于是液态分子转化为气态分子，汗水也就因此而挥发。热量破坏的氢键越多，获得自由的水分子也就越多。水分子的逃逸过程将身体的热量带到了空气中，从而让你能够保持凉爽。

水蒸气在你身边的空气中可能只占0.1%的比例（沙漠环境），也可能达到4%（湿润的雨林环境）。但是单一的分子太小，并不能像云一样反射可见光。寒冷的清晨，你呼出的气在嘴唇不远处的稀薄空气中形成一团"白雾"，只是因为严寒使得呼吸气体的热运动减缓，氢键更有效地将水分子拉拢到了一起。水分子在它们的作用下形成闪闪发光的小水滴，尺寸大到足以被你看到，却也小到足以扩散。

尽管你身体中大多数水分子是通过饮食的方式进入的，但水蒸气还是会在每一阵微风袭来时碰撞着你的身体，并在每一次呼吸时洗刷着你的呼吸系统，其中一些便会通过肺部的海绵体扩散，并随着你吸入的氧气一同进入血液中。泪水中的氢键也会将空气中的水分拉到你的眼睛里，而与此同时，还有一些水蒸气分子钻到了你头发中的细微缝隙中。

和一些理发师聊天，或许会让你加深对此的认知。在我上一次去剪发的时候，理发师帕蒂便让我对头发与水蒸气之间的结合力有了更深的理解。当我问她是否知道水蒸气可以渗入头发中时，她转了转眼珠，表情似乎在说，我还不如问她知不知道剪刀长什么样呢。

"当然了！"她说道，"你的头发是鳞片状的，看上去有点像松果。使用吹风机时，或者在炎热的天气里，鳞片会打开，并将内部暴露在空气中；这时，水分就会更容易地进入头发中，并让头发看起来更厚实。"

卷发则更加明显，因为卷发的鳞片难以紧密地重叠，水蒸气会更容易地穿过缝隙。有时候，你甚至可以眼睁睁地看着这样的头发在潮湿的天气中发生变化。"我可以迅速判断外面的空气是不是很潮湿，"帕蒂说，"因为顾客的头发会比平时更蓬松。"

我住在纽约郊外偏远的地方，在这里，碰到一个破坏发型的天气并不是什么大不了的事，至少跟我在一起的多数人并不在乎。我们经常会用汗水、帽子和发胶折腾着我们的头发。然而头发与湿度的关系对有些人来说却极为重要，一家名为"发型天气预报"的网站会监测全美数百座城市的大气环境并公布每日"发型指数"，从而满足这些人的需求。简单输入你准备前往的城市名字或区号，你便可以做好充分准备，抵达一座阳光明媚的"10"分城市，或是在前往潮湿而令人沮丧的"1"分城市前，准备好迎接即将到来的"一头卷毛"。

水分子在你和大气之间存在着交换，这也意味着你和环境之间或多或少是相连的。同时，尽管气态的水分子来去自由，构成它的这些原子还是在你体内搭建起了异常稳定的组织结构。当你的头发吸收或释放水分子时，毛发纤维中的蛋白质也会跟这些过客做一些氢原子"贸易"。你的头发不仅会和空气共享氢原子——通过这种方式，你与居于一室的其他所有人都共享了这些位于发梢的原子。

氢原子持续不断地在分子间进行重组，这是因为联结它们与氧原子的共价键尽管强度很高但却变化无常。这些原子在构成水时，可以像螺栓与螺母一样紧密相扣，但也可以自行解开重组——虽然是相同数目的相同分子，排列组合方式却已不同。生活在史前时代的祖先们饮下去的水分子，现在填满了你的玻璃杯——这个想法固然有趣，但水分子之间共享原子的先天属性却决定了这不过是异想天开罢了。你体内的氢原子和氧原子或许都已是数十亿岁的高龄，但它们构成的水分子只不过是临时邂逅的产物。

不难猜想，在原子参与构成某种分子形式之后，它们也会因此带上某些特征，好比饭盒在装过一次食物之后，会散发残留的气味一样。然而，水分子并不会保留对前一位主人的"回忆"，不过人们却难以认可这一点，由此对水资源的处理方式产生了重要影响，尤其当干旱地区因缺水而促使利用排泄物制造再生水的时候。澳大利亚、新加坡还有其他一些地区的市政部门极力说服市民，这些再生水已经由"马桶废水循环系统"彻底净化，实际上比一般自来水和瓶装水都要更纯净，但这些水依旧销量惨淡。目前，纳米比亚温得和克市市政供水量的 1/3 都由这种回收方法获得，而宇航员的日常饮用水则是从他们自己的尿液中提取得到，饮用后并没有产生不良反应，也没有余味。然而，用原子或者分子这样的术语去理解食物和饮品实在颇为困难，因此推动废水循环的预案常常会被选民否决，即便是那些濒临水资源短缺危机的地区。哥伦比亚大学地球研究所发布的一条博客中，引用了环境工程师尚恩·斯奈德（Shane Snyder）所说的一句话："幸运的是，只要他们信任这种循环利用方式是可靠的，大多数人就会予以理解。"事实上，这个星球表面所有的水分子都在不断被回收利用，就像斯奈德解释的那样："我们无论如何都会喝到再生水，无论它是来自山泉溪流还是来自地下。我深信，我们应该采用更为可控的系统工程来操作这一循环过程。"

当抵达一个新地方几小时之内，你头发中就会有约 1/10 的氢原子是从外界进入角蛋白的；3～4 天内，你头发中的水分就会和周围环境的水蒸气达到完全的平衡状态。但大多数构成蛋白质与其他生物分子的结构性氢原子，则是通过饮食渠道进入了你的身体。我们之所以能够了解这一切，都是因为如今科学家们已经可以追踪原子的运动。这一成果还要感谢稀有的稳定同位素，它们与常规的同位素存在着微小差异，但差异并不足以在元素周期表上以"新元素"的名义将它们标记。这些同位素协助科学家们追踪原子在你身体里流进流出的过程，就如同烟雾或气味将本不可见的空气流动状态显现出来一样。

氘是一种天然存在的氢同位素，它在宇宙大爆炸发生后的不久便产生了，其含量相对正常的氢来说并不算多。它与正常的氢原子之间的差异，只是在原子核的质子以外，还多了一个中子，而你会在完全注意不到任何不妥的情况下，喝下一杯由氘构成的水。这种同位素较大的质量，使得氘成为一种有用的原子识别物。比如当湖面的水蒸发时，相比那些因为安了氘"耳朵"而增重的水分子，正常的分子从水面逃逸就会容易很多。如果体验过"扬场"，也就是在大风天里通过抛撒将麦子跟麦壳分离的过程，大概会对此深有体会，因而也就容易理解。干热环境会使得湖泊及地下水具有富集氘同位素的趋势，这种效应会使得不同水样之间出现差异，并足以让科学家们推断出水源所在地的气候、海拔及纬度。你和其他生物也会喝下这些含有氘的水，因此这些揭示原子踪迹的标记物也会存在于你的身体里。

数以千计的对世界各地水资源的同位素分析已展开，尤其是北美及欧洲地区，详细的分布图可以帮助我们去比对特定区域人群的头发、指甲与骨骼含氘量。你甚至可以登录 Waterisotopes.org 这一网站，向"在线沉积同位素计算器"中输入你所在地的经度与纬度，并由此查询到你所在地区沉积物的平均氘氢比。这一分布图被称为"同位素地形图"。

犹他大学的生态学家詹姆斯·伊尔林格（James Ehleringer）和他的团队一起，分析了大量人类毛发中氘氢比之间的微弱差异，发现通过喝水、喝咖啡或是喝本地牛奶等途径，地下水中的原子会成为人体内的稳定部分，这一成果的论文发表在《美国国家科学院院刊》（*Proceedings of the National Academy of Sciences*）上。相比空气交换，地下水中的原子转化为身体水分或更稳定的固体结构是一个缓慢的过程，例如毛囊需要 1 周的时间才能将环境中的氢原子沉积到正在生长的发根，不过这个过程一旦发生便是永久的。

你身体中固体部分氘同位素的丰度反映了你所喝水的同位素构成，从而又进一步反映了水源地的气候状况。在上述论文中，全美氘"同位素地形图"采用不同颜色来展现丰度，代表高丰度值的明亮橙红色覆盖了温暖的得克萨斯，并渐变到代表低丰度值的深蓝色，覆盖的位置则是那些潮湿阴冷的西北各州。在研究了全美国各地理发店地板上的头发碎屑之后，伊尔林格的团队发现，不仅本地水中的原子会出现在本地居民的身体中——水中的同位素平衡同样会得到体现。例如，得克萨斯的居民，相对而言就比北部落基山脉的居民更有可能生长出较重的头发。

你所饮用的水资源越是本地化，你的身体就会与本地的同位素构成比越匹配，反之如果你饮用了大量瓶装水，就更可能与其他一些地区的同位素构成相关联。举个例子，一位佛罗里达的居民长期消费缅因州灌装的矿泉水，那么他或她的身体里所含的氘就会比饮用自来水的邻居们更少，尽管他们都在同一家超级市场购物。

犹他大学的加布里埃尔·鲍恩（Gabriel Bowen）启动了一项课题，研究者们分析了美军某个驻伊拉克巴格达军事基地的士兵们的瓶装水中的同位素特征值。不同样本的氘含量分布差异巨大，由此也反映了它们产地的特征。最轻的水来自欧洲，而最重的水则源于沙特阿拉伯，这也符合对湿冷与干热环境中氘同位素的差异的预测。更重要的是，样本中所含的氘原子无论如何都比当地沉积物中的氘含量更低，也证明分析对象中没有一个水样是在巴格达灌装的。尽管水中的氘对喝水的人来说并无直接的健康影响，但在这个案例中将其作为示踪剂，却可以帮助识别那些水是不是装在回收瓶中的本地受污染的假冒水。

头发就如同某种记录仪一般，记录着生长环境中的原子分布，也揭示了其与本地水源之间的物理关联。伊尔林格研究了一名从中国搬到犹他州的男子，发现他的旅行轨迹就刻画在他头上的"同位素记录"中。通过对单一头发丝内固定间距的氘浓度进行分析，研究者可以确定这名男子何时抵达了他的新家。在盐湖城喝了1个月的"轻水"之后，该男子的发根相比在北京生长的发梢而言，氘的含量降低了很多。

人类与所处环境之间的原子联系非常持久，因此考古学家也利用这一原理研究古代历史。一项发表在《考古科学学报》上的研究，通过数百年前木乃伊的头发丝重现了一名印加小孩生命中最后几个月的一些行踪。头发中高浓度的氘，可以解释为这个小孩在生命中最后1年的大部分时间里，都在喝着较为温暖的水，而水源地则位于海拔1英里处，比起发现印加木乃伊的安第斯山脉顶峰低了很多。发丝中部那些在冬季形成的特定蛋白，所含的氘同位素略有下降，这是因为冬季时水体蒸发速度较慢。接近头皮处的高浓度氘说明孩子的死亡时间是夏天，而他是在死前1周内抵达高海拔区域的。

当某人成为一具脱水的木乃伊后，残存的皮囊中最为常见的仍然是氢原子与氧原子，只是此时它们不再是水分子，而是分散到了固体部分的各个角落。例如一个血糖分子，其中包含了12个氢原子与6个氧原子，它们围绕在一个碳环周围；而肌肉中那些强韧的纤维，也是由这些元素构成的。组织结构中大多数氢都可以追溯到血液，但其中的1/4到1/3，都来自1年内所喝的水。

在更大范围的生命原子图谱中，食物中的氢还是会追溯到水。肉类与牛奶中的氢原子，都来自动物消化的水和植物组织循环。进一步讲，这些被食用的植物组织，都是由二氧化碳和水转变而来的，并且血糖在代谢时可以产生同样数量的 CO_2 和 H_2O，这也并非什么巧合。1磅肉或1磅蚕豆中所含的原子，在氧气的作用下，可以重组得到相同重量的二氧化碳及水。

如果你可以在原子层面上探访你的身体表面，你会因看到水分子如何维持你的生命而惊叹。现在，是时候更深入了解你的原子世界了。

水分子的人体之旅

想象一下，你在缩小到原来的几千分之一以后，跟着一口自来水穿过人类的消化道，然后又跟着一口潮湿的气息跑了出来。在这个思维实验中，你还是太过庞大，还远远不能跟随水分子进入血液，但已经可以感觉到身边的液体跟平时的饮料很不一样了。水分子总是通过氢键互相依附，所以很难将它们分离开，此时水感觉就如糖浆一般，既黏又稠。

如果你的尺寸再缩小至几千分之一，仍然会比水分子大上 1 万倍。此刻你已成为一颗布朗运动颗粒，受到水分子更为猛烈并且永不停息的袭击。每个分子都比一架喷气式飞机运动得更快，而你会很庆幸它们没有更重一些。不过尽管如此，你仍然过于庞大，不能跟上水分子旅行的脚步。

继续发挥你强大的想象力，再缩小这最后的 1 万倍，你就成了跟水分子差不多大小的颗粒。很不幸，此时分子的碰撞已经变得难以容忍，因为撞击者具有跟你同样的尺寸。你可以天马行空地去思考这个问题，同时脚步跟上水分子。

这一口液体本来似乎是黏在一起的，在你的内脏中朝着一个方向移动。不过在这个由振动颗粒构成的混乱王国中，大多数明显的运动都是由热力驱动，因此几乎是随机的。已经缩到水分子大小的你，如同你的那些分子邻居一样，冲刺一小段距离，碰翻点什么，然后又因为撞到其他什么东西而弹开，一遍一遍又一遍。你究竟有什么目的，或是要在什么时间抵达某个地方？

如果你需要采用可控的方式来移动大量的物质，那么你的身体将会调动肌肉与骨骼来从事这项工作，但也会消耗能量。例如，胃部的肌肉收缩会帮助移动并处理你的食物，但是这些肌肉细胞也必须获得回报。相比舞蹈而言，这样大规模的分子移动代价更为高昂，也更为有序。

不过另一方面，你也可以不付出代价地进行物质传递，不过只限于短程。为了实现这一点，你可以利用原子与分子的振动来推动周围的物质，从而不会消耗任何能量。你的细胞内部到处充斥着布朗运动，而这是将物资与废弃物搬运到指定地点的动力。不断舞蹈的水分子产生的冲击压，协助基因与蛋白质折叠，并保持适当的形状。甚至那些缺少四肢无法游泳的致病病毒，也是在水分子的热运动推动下，与你的细胞进行接触，随后可能会进入细胞并将你感染。

这种运动并不稳定，却异常迅速，只要行进路线不是太长，水分子的运动方向即便发生 100 万次错误，也仍然会立即到达指定地点。想象一下你正在闭着眼睛试图走出一间拥挤的房屋 —— 只要给你足够的时间，迟早你都会发现门口。但在原子尺度而言，这个"迟早"可能也就是一瞬间，远远不足 1 秒钟。

原子与分子本身这种无休无止的舞蹈，对由细胞而非同质化的材料组成的人体而言更为有利。在细胞中，你可以同时调动两种运输方式，不过是在不同的情形下。像火车把货物送到配送中心一样，脏腑和血管把富含能量的大块"物资"送抵有需求的地方；然后在那里，没有成本的热运动就推动"物资"采取随机漂流的方式进入你的细胞内部。但热运动的旅程必须很短，因为这种没有目的性的运动所需要的时间与距离的平方成正比。

根据生理学网（PhysiologyWeb.com）上的在线测算，氧分子只需要几毫秒的时间便可以从肺部挤出并扩散到红细胞的中心。但如果扩散距离增加，那么所需时间会大幅增加，分子会来来回回地徘徊而不是直奔目标而去。举个例子，穿过指甲那么长的距离，需要几个小时的时间，1 周以后才能到达拇指。我们之所以能够很快闻到身边人的香水味道，靠的是物质流动而非扩散，单纯依赖扩散，香水的味道大概需要花上几年的时间才能充满整个房间。尽管如此，布朗运动这种短途搬运还是做出了非常出色的贡献，我们将其称为"渗透"（针对水而言）或"扩散"（对其他分子而言），食物、空气和各种流体都是在这一运动的驱使下进入或离开细胞的，并且几乎不会消耗什么能量。例如一个信号分子，可以在百万分之三秒内，从一个神经细胞传递到另一个细胞中，这样就能让你对环境做出快速应激反应。这种直接搬运与随机运动相结合的方式，也成为地球上所有生命体的能源经济基础。

如果你还在继续着我们前述的思维实验，那么现在请准备顺着一条"血河"前行。我们要从两端开放的消化道真正进入身体内部，而这就是第一步。

细胞内部的主要成分是水，因此这像是一次野外旅行，只不过穿行的是肠道细胞。一切物质都在运动，不同分子都在激情四射地舞蹈，在这里的遭遇很容易让人忘记，我们所熟知的生命形式只会在更大的尺度下才存在。

一串紧紧相连的蛋白质将细胞的一角与邻近的细胞连接起来，就像一座起伏不定的缆车。这是驱动蛋白，是一台由布朗运动驱动的微型机器。水分子不停冲击着驱动蛋白，而其中的荆棘状结构则确保物质不会向后移动，而是顺着"缆车"形成向前的净移动。通过这种方式，由热力驱动的驱动蛋白协助向细胞提供内部工作所需的"物资"，它们都是从你的口中来到细胞的原材料。

不远处，水分子集聚在一颗蛋白质周围，而蛋白质紧紧地缠结着，不停地振动。那是一个消化酶，所以你最好跟它保持距离。它是切割糖分子的专业户，其中一些碎片最后会成为二氧化碳，从肺部呼出。酶的形状很独特，可以抓住糖分子，随后通过使其弯曲的方式将其切碎。如同所有这类分子一样，消化酶的形状并非只是它本身的特征，而是通过与周围的水的协同作用形成的。酶的不规则表面上存在着微弱电荷，可以吸住贴在它表面的水分子。这样就会使得酶的一部分向外扭曲，并迫使另一部分向内弯曲，从而将酶塑造成最合适的形状，使其能够完成切割食物的工作。

水分子的热运动普遍存在，所有的细胞都依赖其完成自身的新陈代谢。进入细胞中心的大量氢原子核都被困在线粒体周围，看上去渴望逃脱，却被一层特殊的薄膜挡住了。薄膜的表面是一些细小的孔道，迫使它们只能从孔内流过，并"上交"储存的内能，供其他地方使用。对包括你在内的恒温动物而言，线粒体还能够生产热量确保布朗运动在恒温状态下进行，以协调细胞内物质搬运及相互作用的速率。

你现在需要加快脚步，直接顺着血管向肺部进发。肉质的阀门打开，你被吸入心脏；接着是一记强有力的收缩，你跌跌撞撞地离开了右心室；片刻之后，你又进入了肺毛细血管的迷宫，扩散的力量将你推到了一个小气囊中；随着胸部肌肉的一阵收缩，你便随着一股温暖而潮湿的气息从身体里出来了。

如果你打算跟着你的那些水分子伙伴在大气中继续飘荡，或许最终你会看到它们凝聚起来，然后在这个世界的某一个地方落下。到它们重新进入生命体时，不过是几天光景。在这些氢原子和氧原子漫长的生命中，你的身体也只是它们的无数寓所之一，而与你共同分享这颗行星的那些生物，也和你一起采用同样的方式分享着这些原子。

接下来要讲述三个原子在自然界传承的案例，两个发生在近期，而第三个则发生在遥远的过去。

原子传承的三个案例

含氢的角蛋白不仅可以构成头发，同时还可以构成喙、爪、蹄和羽毛等部位。因此，野生动物学家可以通过对氘的测定确定动物的迁徙轨迹，因为它们的角蛋白中印刻着饮用水留下的原子指纹。

这样一项研究成果在 2000 年的《环境科学》（*Oecologia*）上发表，揭示了亚利桑那州树形仙人掌与白翅鸽之间匪夷所思的密切关系。鸽子的体液样本显示，它们体内的氘含量每个月都有变化，但在当地 5 月初直至 6 月中旬的雨季之后，其浓度突然上升。这些鸽子的身体就像是一面镜子，反映出了当地仙人掌花期与果期的年度循环。

相比地下水来说，仙人掌花蜜中含有更多的氘，因为植物在空气干燥的沙漠中容易失去大量水分。当仙人掌花在雨季到来之后盛开，鸽子们饮用的花蜜超过了饮水量。连续吸食几天花蜜后，鸽子体内的氘便会富集。在这之后，仙人掌果实成熟，鸟儿们又开始吃果肉和种子，饮食结构的这种变化进一步提升了鸽子体液中的氘含量。

这项研究不仅证明，亚利桑那州的白翅鸽实际上很大程度依赖仙人掌作为它们的营养来源，同时也详细说明了栖息地是如何影响鸽子行为的。当然换到你身上也是一样的，尽管你或许住在大城市里，但构建你身体的原子，同样也是来自地球上的原子库，跟亚利桑那的鸽子与仙人掌一样。

另一项由地球化学家托尔·瑟林（Thure Cerling）及其国际团队展开的研究很容易让人回想起伊尔林格的工作，他们采用同位素示踪法对肯尼亚北部的象群与环境之间的联系进行了研究。研究成果被整理成一篇题为《使用同位素记录法研究动物生长史》的论文，发表在《国家科学院学报》上，论文证明了大象尾毛与当地雨季及河水间的部分联系。

被测试的四头象来自一个家庭，被称为"皇室成员"（Royals），它们均佩戴了无线电项圈用于追踪，每当换电池的时候，它们就会被固定住，同时取下尾毛样品。当地河水与尾毛的同位素组成同时一起被分析，并且附近的气象站也在监测降水。所有的记录跟踪比较了 6 年以后，显示出了令人瞩目的结果。

在潮湿的季节，埃瓦索恩吉罗河（Ewaso Ng'iro）的氘含量会迅速降低，因为多云多雨的气候会减缓河水的蒸发，并对其进行稀释。作为响应，"皇室成员"的尾毛及新生角蛋白的氘含量也会下降，速度几乎与河水同样迅速。这是大象从当地水源中持续获取氢原子并形成毛发蛋白质的结果。"皇室成员"的毛发每周生长大约 1/4 英寸（0.6 厘米），这些蛋白质分子记录了这些大象与世界的原子联系。

氧元素也是水分子的成分之一，故而水与动物之间的关联也可以通过追踪氧的同位素进行，与氘一样。密歇根大学的古生物学家丹尼尔·费舍尔（Daniel Fisher）便采用此法研究几千年前就已死去的大型哺乳动物。通过测量古象长牙中氧-18与氧-16之间的比例，他革新了对乳齿象的研究方法，而乳齿象是一种在最后一次冰川期后不久遍布于北美大陆的动物。

自五大湖地区各州出土的象牙保存完好，在将它们切片并抛光后，费舍尔注意到了一些狭窄的环，很像树的年轮。与如今的大象一样，乳齿象的象牙也是增长的门齿，在它的生命里会慢慢生长，形成很多层。费舍尔知道牙齿是由钙、磷等原子散布在氧原子中构成的，因此他猜测，当时的湖水、河水甚至雪中的那些氧原子，现在正静静地沉积在这些古老的象牙之上。

通过将样品研成粉末并分析含氧量，费舍尔测定了每一层同心环的相对同位素丰度。与氘一样，温暖的条件会使较重的氧-18倾向于更加富集，因此在每一层同心环中氧同位素的震荡分布比率说明，这些动物所饮用的水温也在周期性地升降。换句话说，这些乳齿象与当地的水温之间有着原子层面的关联，象牙中记载着季节性的气象信息。

由于很肯定这些环是因年度生长所形成的，因此测试结果不仅反映了这些动物的年龄，也包括了性别信息。有些象牙的生长情形比其他象牙更为多变：幼年时期形成的环位于中心，厚度非常一致，但到了 9 岁至 12 岁时，环的厚度就变薄了。自那之后，环的厚度每 3 ~ 4 年会发生一次变化，可以判断这些动物为其他生命体贡献的营养物质多于它们自己生长的。显而易见，更为多变的象牙属于成熟雌性——乳齿象妈妈。

纽约西部出土的某根雌象象牙生长速度出现了异常下降，可以证明它是在 9 ~ 10 岁间第一次怀孕，在这之后最薄的环层说明它又花了 2 年时间哺育幼崽。这位象妈妈的象牙上，镌刻着 6 次怀孕及断奶的印记，直至它 34 岁时离世。通过氧同位素测定的水温显示，它可能是在春天出生的，较薄的环重复出现的区域也说明，它需要持续花 4 年的时间喂养它的孩子。当年轻的幼崽可以更加独立，不再从它的母亲那里获取原子时，母亲的象牙环会重新开始增厚。

费舍尔研究的每一位乳齿象母亲，都会在养育孩子时消耗自己的身体，它在营养方面做出的牺牲也会留下不可磨灭的原子印记，就像它经历过的那些季节，它所觅食的那些植物以及它所喝过的水一样。数千年以后的今天，最后一头乳齿象妈妈也早已融入了这颗星球，化作了元素维持着你和我的生命，但我们却仍然可以阅读这些镌刻在象牙上的故事。

氢——生命的始祖

从太空中看，我们的地球主要呈现蓝色、白色与绿色，但是几乎所有颜色都归功于水分子。即使在如此宏大的尺度观察，你仍然可以看到原子振动的证据，并可以帮助我们确定地球上生命体的分布与特性。

蓝色区域代表的是快速振动的水分子（地表液态水），振动速度快到足以让其维持液态，但还没有快到成为气态，至少氢键还能将它们束缚在大气层之下。奶油色的云层是冷却的水滴（空气中的水），氢键的特有黏性将蒸气分子从热运动更快的空气中拽了出来；云层随风飘荡，或膨胀，或收缩，都是由于包裹它们的空气随着温度的变化振动的速率也在变化。白色的雪与冰代表的是寒冷，处于该环境的分子振动缓慢，氢键将水分子冻结成了多孔晶体晶格，并且它们能漂浮在水面上——鱼儿应该感到庆幸，正因为如此，冬天冰层才不会沉到水底，从下到上把江河湖海填满。

地面上的绿色区域同样代表了水的存在。根据水文学家斯科特·杰希克（Scott Jasechko）及其团队近期在《自然》（*Nature*）上发表的文章，植物每年可以将 15 000 立方英里（61 440 立方千米）的地下水蒸腾到大气中，几乎每 4 个月就能将五大湖的水消耗干净，超过世界上所有河流的年度径流总量。森林、田地及草原的蒸腾作用形成了这个星球上最大规模的淡水循环。

但是最终紧密联系空气、海洋与植物的还是持续进行氢核聚变的太阳。当我们忙着工作时，很容易忽视了这一点。但如果这个过程突然消失了，哪怕只是几秒钟，一切不是人工照亮的物品都会消失在黑暗之中——我们平时不会注意，之所以能够看到风景，看到街市，甚至还有月亮，都是因为它们反射的阳光照进了我们眼睛里。如果没有阳光，午间的天空也好似是透明的窗户一般，可以直接欣赏银河，"白天"与"黑夜"这些词语也变得毫无意义。所有室外的光合作用全部偃旗息鼓，如果持续的时间足够长，大气中的氧气含量便开始迅速下降，并且越来越快。

但在氧气远未耗尽之时，我们就会因为干渴或寒冷而死，因为太阳的热量驱动着地球上分子的热运动并保持着较快的速度，一旦没有了太阳，一切都会慢下来。寒冷的月球阴面，温度可以降到零下 300 华氏度（零下 184 摄氏度），而尽管空气中的温室气体可以让我们远离这样的寒冷之夜，但这些储存于大气"棉被"中的热量其实主要还是来自太阳。没有了这颗陪伴我们的恒星，正常的天气系统将会停止，留下的只是逐渐干涸的大陆，以及缓慢冻结的海洋。

天文学家非常清楚，当一颗行星的恒温系统温度设置过高或过低会是什么样子。充满蒸气的金星比我们更接近太阳，上面的水分子振动异常快速，氢键已经不能将它们锁定在液态。火星上呈现的景象刚好相反，因为太阳的热量不足以激发分子快速振动，火星上的水几乎都是固态，尽管遥远的阳光可以温暖单个分子，让它摇晃、松动，直至逃逸，来到另一处冰晶上重新附着。

泰坦是土星的一颗冰冻卫星，它表面上的水已经被冻成磐石一般坚硬，并构建了地表地貌。液态甲烷与乙烷形成的湖泊与河流点缀着星球表面，这些碳基分子从烃类物质的云层中凝结而来，以极其缓慢的动作在异常寒冷的大气中跳着舞蹈。虚拟的泰坦居民可能会戴着冰质首饰，就像我们佩戴蓝宝石一般；他们或许也会惊讶，像我们这种行星，居然会淹没在由水质"岩浆"构成的海洋之中。

我们赖以生存的地球，之所以能养育这些我们熟知的生命形式，都是因为它表面有大量的液态水。进一步说，是因为我们的轨道与太阳的距离恰到好处，水分子随着海拔、纬度与季节的不同，可以在气态、液态及固态之间变换。地球表面的热运动被调整到这样一个狭窄而又偶然的温度范围中，甚至 1 摄氏度的温差就可以将雨变成雪，或是将碧波荡漾的湖泊冻成坚硬的冰原。

原子之舞最初是由希腊 - 罗马人通过纯粹的演绎推理出来的，如今，这种舞蹈美妙的细节也已经可以被我们观察和欣赏，就像我们生命中最基础的元素一样。你身体里的每一个原子之所以存在，都是源自百亿年前宇宙大爆炸时开始扩散的氢原子，我们离不开的水分子也是由原始的氢原子所产生，并被赋予了特殊的属性。一切与水有关的生命活动，不管是叶片中的绿色组织，还是你身体这样由细胞构成的"湿袋"，都是因为这种两颗氢原子骑在一颗氧原子之上构成的分子才存在，它遍布于整个地球，并且在氢核聚变的太阳驱动下，振动不息。

氢原子，只要给它们足够的时间，确实可以变成人。这句话如此正确，而且如此令人咋舌——我们如今已开始认识并欣赏它是如何实现这一切的！

第三章 创造与毁灭——铁

对铁的性质及用途的认识，与人类文明之间存在着密不可分的联系。

——乔治·福恩斯

（George Fownes，19世纪英国化学家）

记住可怖的恒星之曲——在你出生之前，你就曾经知道它。

——约翰·丹尼尔

（John Daniel，美国当代作家、诗人，

上文选自其诗作 *One Place to Begin*）

公元1054年夏天，一个晴朗的早晨，一位叫作杨惟德的中国星官，观察到一颗从未见过的星星出现在东方天际，闪烁发光。他立即向朝廷递送了急报，上面写道："臣伏睹客星出见。"相关记载仍然可在宋朝留下的官方资料中查阅到。那时的杨惟德或许不知道，他描述的乃是宇宙中最为壮丽的现象之一。同时，他也记录了一次遥远的爆炸式的原子诞生过程，这些诞生的原子与流经他静脉的原子一模一样，与组成他那些观星仪的原子也毫无差别，与构建他脚下地球的原子更是一般无二。

根据天文学记载，这颗星最初是红色的，但随着它移动到地平线以上更高的位置后，开始变成灰黄色，很像是太阳透过沙尘暴后的景象。杨惟德非常肯定这样的细节具有政治意义，因为黄色是帝

王之色，因此他在记载此事件的官方文件中写道："谨案……明盛者，主国有大贤。"

语言学家班大卫（David Pankenier）在对中文文献进行分析时注意到，作为朝廷司天监的高级官员，杨惟德很明显是出于对皇帝的奉承，将这种天象曲解为一种吉兆。和时下一样，政治诡计就如同物理和化学一般一直是人类生活中的一部分。一位名叫赵抃的侍御史针对此次客星到访提出了妖星一说，而他本人当时正在参与一场弹劾内阁的风波。他提起了公元1006年的那次"客星"记载以及伴随而来的一系列灾难，最终得出结论认为，这一次天象预示着包括匪患及地震在内的很多麻烦，而这些都是皇帝失职的反映。

宋代文件描述道，在长达几周的时间里，这颗星都可以在白天被看到，随后变得只有在晚上可见，大约两年后完全消失。司天监的记录如下："客星晨出东方守天关，至是没。"在中国的星图中，天关的位置很靠近参宿三星，也就是更广为人知的"猎户座"；而有关客星位置的历史记载也使得现代的天文学家可以将它和它的残骸——蟹状星云联系起来，后者就位于猎户座腰带上那三颗星构成的斜线上方不远处。

同一时期，一位远在西方（现在属于伊拉克）的学者也记载了这一事件。这位名叫伊本·巴特兰（Ibn Butlan）的哲学家和医师写道："这颗壮观的星星出现之后，我们这个时代便出现了一种流行病……这一年秋天，君士坦丁堡有14 000人因此死去。"比起今天，此时西亚的杰出科学家也和东方的同行一样，更倾向于将天文现象与人类事件以因果关系联系起来。伊本·巴特兰继续写道："这颗壮观的星星出现以后，还引起了开罗老城区的疫病暴发。"

尽管我们对星象与瘟疫、政治之间的直接因果联系都会表示怀疑，但伊本·巴特兰和杨惟德都认为一些看似互相割裂的事实之间存在着隐性关联，这个观点还是正确的。而且最新的调查也发现，星星确实会影响疾病与人类社会，虽然只是通过从它们而来的金属原子间接地影响。

一直到了近900年后，阿尔伯特·爱因斯坦才给出了更为有力的关系式，证明了太空中的爆炸与我们身体之间的联系。他那著名的公式：$E=mc^2$，把质量和能量用等号连接起来，从而能够帮助我们理解那些垂死的恒星是如何产生生命元素的。"那是一种光荣的感觉，"他在给朋友的一封信中写道，"当认识到一些看上去完全不相关的复杂现象居然可以被统一起来的时候。"

根据传记作家沃特·艾萨克森（Walter Isaacson）的记载，爱因斯坦对这种神秘而不可见的力量早有思考，并可以追溯到他的童年时期。在他四五岁的时候，他曾经因为生病而卧床。他的父亲怕他无聊，便给了他一只罗盘。看着罗盘的指针晃动，像是在被一只无形的手摆弄一样，他陷入了沉思，这也指引了他后来对磁力与引力的探索。多年以后，他曾解释："我仍然能够记起——或者至少是我相信我能记起——这些经历给了我深刻而持久的印象，事物背后一定深深地隐藏着些什么。"

不过即便是爱因斯坦，也没有获得必要的信息，从原子层面上描述出中国客星、使他生病的细菌以及奇妙的罗盘指针之间的微妙联系。跟先前的杨惟德和伊本·巴特兰一样，他离世之时，并未有幸看到解开这些谜团的新发现。我们当前正处在由一系列技术创新所引发的知识大爆炸时代，这些创新只有在一个元素的帮助下才能实现，这种元素同时存在于这些并不相关的人和现象之中。

铁，恒星杀手，可能是宇宙中最具破坏力的元素，同时却也是人类生存的万能钥匙。你的身体将它用作从空气中捕获氧气的工具，同时也将它用作阻击微生物入侵的武器；从大尺度来看它的作用的话，它既能为虎添翼创建文明，也能为虎作伥毁灭文明。当远处的恒星垂死挣扎之时，也从空间深处发射出大量的疾速"导弹"，而铁就是为你抵挡它们的盾牌。它的故事，也有助于揭示你与宇宙的其他部分在物理上的深层亲属关系。

铁的非凡特性

铁在元素周期表中排第 26 位，宇宙丰度（宇宙中各种元素的相对含量）排第 6 位。在你的身体内，它比其他的大多数元素都更重；它携带着 26 颗质子和 30 颗中子，巨大的原子核拴住了一层密密的电子云，从而可以与其他原子之间形成多重键。这些特性可以帮助解释铁在恒星毁灭时所扮演的角色，以及它在地球上的非凡属性。

原子对周围电子的排布方式非常挑剔，就像人们沉迷于自己的衣着一样。在与其他原子接近时，铁通常会贡献或共享最外层的一些电子，有时也会从邻近的原子那里抢夺电子。氧元素是它最喜欢的"交易伙伴"之一，将铁暴露在空气中足够久的时间，它就会被腐蚀成为锈迹斑斑的氧化物。但如果你在一个携带氧气的血红蛋白分子中间嵌上一个铁原子，氧与铁的吸引力则会变得对你有益。

铁原子的另一个潜在合作伙伴是碳，一般在铁中含有 2% 或更少的碳时，铁会硬化形成钢。如果紧紧地钳住铁棒的一端，用机器强力拉拽，将其穿过坚钢模具上一个孔径逐渐递减的洞，铁棒就会像太妃糖一样，最终被拉成一根纤细的铁丝。如果这根铁丝的碳含量正好合适，再经过加热，你便可以将它紧紧地绷在小提琴琴桥的两端，在拉出美妙音乐的同时却又不至于将其折断。这样强而韧的特性源于铁原子类似滚珠轴承的能力，键合力将它们束缚在一起，但又让它们在被挤压或拉拽时能够在彼此周围相互滑动。这种既强且韧的键合力正是由电子云的相互作用产生的。

用一把重锤锤打放在砧上的铁棒，铁棒会被砸平为一片薄薄的刀片，金属中的原子横向扩散，它们与周围原子间的关系却没有被破坏。在火上加热铁棒，振动更为激烈的原子之间会更容易滑动，也更容易形成新的形状。在熔炉中将铁加热到2800华氏度（1537摄氏度），颤抖的、炽热的原子便可以流动起来，并被倒入任何合适的模具中，这是铁匠们几百年前就发现的特性。

如果将铁棒两端通上电，电流便会像水通过水管一样通过铁棒。这是因为金属内的自由电子形成的松散"海洋"可以不受约束地在原子之间流动，这也是避雷针可以将闪电导入大地的原理。而如果将铁棒放置到强磁场中，它便可以吸引罗盘的指针。铁原子外层的电子移动性很强，不仅会顺着轨道围着原子核转动，也时常会跳开访问邻近的原子：一边移动还一边旋转。来自磁场的呼唤就仿佛是音乐传到了它们的耳朵里，它们会各自排列出自旋方式进行匹配。很多元素都会这么做，但铁却可以在音乐停止之后，仍然记得旋律和节奏。

罗盘中紧密结合的原子聚集成和人体细胞差不多大小的团簇，磁化的指针就通过其间的电子自旋方向产生自己的磁场。每一个团簇都有各自的自旋方向，形成微型的马赛克图案。当大多数团簇排列成一致方向并产生净磁场时，指针就会倾向于转向合适的方向，使自己的磁场顺应富铁地核产生的地磁场，后者就是这么穿过数千英里的岩石与岩浆控制了指针。如果用锤子对指针进行重击，电子又会恢复成随机排列，也就不能再与地下的那些弟兄互相吸引了。

大约在2000年前，古代中国的发明家就将天然磁石用绳子悬挂起来，用于指示方向。后来在汉朝时期出现的"司南"就像是一把精致的铁质长柄勺放置在一个抛光的金属盘上，它的勺柄可以平滑地旋转指向南方。

随后的几个世纪，这种磁铁广泛被应用于风水学，这是一门利用神秘力量定位宝石和其他隐藏宝物的学问，也是一门确保建筑符合天地之气的学问。宋朝期间，中国的航海家也在穿越印度洋的军事行动与贸易活动中使用了磁铁。有些罗盘其实就是用磁石擦过的铁针，放在一盘水的表面，或是用丝线悬挂。通过当时水手与商人的传播，指南针技术在整个欧亚大陆得到普及，随后开启了远洋贸易，并对欧洲探险家最终发现美洲大陆做出了贡献。

如今，从计算机到风力涡轮机到混合动力汽车的发动机，磁性金属有着广泛的应用，并且现代的新型超磁体，利用金属钕这类非常重的稀土元素，将铁的电子排列进行统一与稳定。这就让磁铁可以变得更小，适合用于制造 iPod 及耳机等电子设备；也可制造大体积的设备，如丰田普锐斯的电动马达与电池，就大概含有 2 磅（0.9千克）的钕。

如今，作为全球最大的稀土元素供应商，中国再一次扮演了传播磁技术的重要角色。近期中国政府削减了这些重要资源的出口量，于是全球市场都有所反应，价格暴涨，而且也开展了积极的探索，以期发现具有开发价值的新矿。幸运的是，对中国以外的客户而言，钕的储量并不是真的像它所属的"稀土"分类那样稀少，在本文撰写期间，澳大利亚、美国及其他地区的一些替代矿源也正在被开发。

同样的重量下，钕磁体的磁性比起普通的冰箱磁条要强上很多倍。它是市场上最强大的磁体，可以从泡开的加铁麦片中吸出铁，还可以从桌面上吸起美元钞票，只因为墨水中有一些铁颗粒。即使当含铁样品以极快的速度活动的时候，钕磁铁依然可以吸引它们，这使得操控这种磁铁有些潜在危险。科学作家弗兰克·斯维因（Frank Swain）在 2009 年发表了一篇博客，题为《手指是如何被两片超磁体夹掉的》，博文中通过几幅恐怖的图片介绍了一个案例，两片距离一英尺半的钕超磁体突然撞到一起，不幸击中了受害者的手指。

尽管有风险，我最近还是买了一块钕磁体，当然只是用于科学目的。我的目标是为了搜寻一种不寻常的铁。钢制的厨具和其他类似物品的金属原材料通常来自两种主流的矿石：灰暗而具有金属外观的磁铁矿以及红色的赤铁矿。美国制造业、运输业及建筑业所使用的钢铁，主要都是由五大湖地区开采的矿石炼制而成的。而你身体里的铁，却可以追溯到分散于土壤中的磁铁矿与赤铁矿颗粒，还有一少部分来自花岗岩与玄武岩中的辉石、云母等矿石。但这并非全部——还有一些铁是天外来客。

很久以来，人们一直惊叹于从天而降的铁陨石，并热衷于收藏它们。数千年前，一颗重达 34 吨的大块头袭击了格陵兰冰盖，原住民猎人的刀和鱼叉便取材于此；法老图坦卡蒙的木乃伊佩带的一把镍铁合金匕首，同样也是来自陨石。可以大到足够制造工具的陨铁碎片终究还是不太常见，2013 年 2 月，有一颗重量堪比 100 辆火车头的流星在俄罗斯境内爆炸，由此引发了一场追寻陨石的"淘金热"。像雪片一样撒落的碎片与纪念品可以卖个好价钱，引来了"流星猎人"们到此发掘。不过很细小的陨石其实很容易被发现，特别当你的手上拥有钕磁铁时。

我将钕磁铁小心翼翼地与钱包保持距离，以免造成信用卡消磁；在隔壁保罗史密斯学院的陡峭屋顶上，我用它掠过雨水排沟上的沙粒，一些黑色小球从里面跳了起来，撞击到磁体的光亮表面时还能发出响声。我在显微镜下端详良久，发现了两粒很小的金属球体，在一堆不规则的沙粒中闪闪发光。它们来自炽热的流星，在空气中飞溅成熔融态的金属，最终冷却成了小球。

此刻它们就躺在这些粗糙的磁铁矿石中间。这些磁铁矿石虽说来自阿迪朗达克山脉，但构成它们的原子却是来自太阳系形成前的星球熔炉。从这个角度而言，这些来自太空的球体并非真的是天外来客，倒像是地球失散多年的亲戚。经历了最不可思议的飞行事故，它们终于得以在超过 40 亿年后首次重聚。

当流星发出光芒，随后又消逝的时候，它所携带的原子并没有真的消失，而是以更分散的形式留存在空中。大多数陨石金属会在大气中解体，在 6 英里的高度上形成数英里厚的烟雾，围绕在地球表面。每年大约有 10 万吨的太空尘埃会沉积到地面、海洋表面或是你的屋顶上，其中不仅有铁，还有硅酸盐矿物质以及来自彗星的冰，甚至偶尔还会有火星上飞溅出的颗粒。这些物质有很多会溶解到地下水或海水中，然后以原子的形式，与它们的地球亲戚一同随着食物链进入你的身体。最终的结果就是，转瞬即逝的流星、一捧卑微的沙子、法老的神圣匕首以及摇摆的罗盘针，其实都和你分享了共同的遗产。

来自恒星的遗产

宇宙学家列举了我们每个人体内的元素可能的几种起源过程，除了氢是在宇宙大爆炸之后不久凝聚而成的，其他所有的元素都跟恒星衰亡有关。例如在 Ia 型超新星中，一颗恒星从相邻的伴星那里吸取物质，在超过极限后发生爆炸。在 II 型"核心坍缩"超新星中，质量数倍于太阳的恒星因燃料耗尽而自行坍缩，随后爆炸。还有一种情形，质量非常巨大的恒星会发射物质与反物质颗粒，两者接触时会发生湮灭，最终的归宿则是"不稳定对超新星"。如今，这类景象可以通过哈勃或斯皮策这些空间望远镜直接或间接观测到，也可在地面天文台观测到。

体内有铁的存在表明，你的原子祖先可以追溯到爆炸的恒星，而今天可以看到的超新星与星云，可以让你知道这些恒星摇篮早期的模样。蟹状星云便是其中之一，那激荡的气体与尘埃云，与我们太阳系形成前的状态颇为相似。在望远镜下，它看上去好像只是一团毫不出奇的烟雾，但实际上，它是一场横跨万亿英里的灰烬风暴，曾经属于一颗质量相当于 8 ~ 16 个太阳的恒星。尽管核心坍缩爆炸在 7000 多年前创造了这一切，但如今我们看到的星云仍然在剧烈燃烧，并且以大约每秒 1000 英里（1609 千米）的速度膨胀。对发光的点、线条与尘雾进行光谱分析后发现，星云中含有的物质主要是氢，还有铁和其他一些元素。通过从地球上最冷的地点采集到的新数据，我们现在可以提供更多证据，以支持蟹状星云与银河最热的位置之一 —— 公元 1054 年那颗将光芒传送 6500 光年后抵达地球的垂死客星 —— 之间的联系。

●蟹状星云。感谢 NASA 支持

2001 年，日本科研团队在南极冰川钻取了一根冰芯。在大约 48 米深度的区间，他们发现氮氧化物的浓度有一次突跃，时间正好对应公元 1054 年；在更下层的位置，还有一次突跃对应公元 1006 年，也就是另一个客星出现的年份。不久后，堪萨斯大学的科学家也发表报告称，对格陵兰岛的冰芯进行的研究也发现了类似的结果。最可能引起这种全球性同步脉冲的原因，应该就是超新星辐射出的宇宙射线将空气中的氮气分子氧化，随后又沉积到了地球上。

这便是论证"客星就是超新星"的确凿证据，现在它们的编号已是 SN1006 和 SN1054。如今你仍然可以在蟹状星云看到 SN1054 的烟云。

很多证据都表明，太阳与地球的发祥地位于蟹状星云的左侧，在猎户座腰带上悬挂的那把剑上。那把剑中间的"星星"实际上是很多颗恒星，飘浮在一团由恒星射线与超新星爆炸构建的星云中。围绕这些恒星的烟雾，主要是氢和氦，其中夹杂了一些粉末状的冰以及含铁矿石碎片。最新的研究发现这些恒星中最年轻的还不足 100 万年，用宇宙的视角看，这不过是眨眼之间，并且有些恒星还在孕育过程中。

恒星通常是在这样的公共育儿所里出生，这也是很合理的，因为大多数恒星形成所需要的原材料都已在此处聚集。那么，哪里才是我们自己的家园所在地？我们的太阳独一无二，这似乎很怪异。半人马座的比邻星是距离我们最近的邻居之一，位于 4 光年外。如果乘着每小时行进约 4 万英里的"旅行者一号"空间探测器去造访它，大约需要 8 万年。一些学者认为，在诞生后不久，也许因为很久以前某个巨大恒星经过时造成的引力回流，年轻的太阳便从发源地被甩了出来。

在猎户座星云内部那些发光的气体与尘埃中，也存在着一些破碎的条纹。它们是灾难性爆炸中产生的超音速抛射物划过的轨迹，这些抛射物就像是装了发光火帽的子弹，但体积却有太阳系的数倍大小。对宇宙学家而言，这种元素的存在就好比在凶杀现场的火药痕迹，因为铁就是毁灭恒星的凶手。

产生这些条纹的星体肯定要比太阳大得多，但它的寿命相对较短，大约也就是几千万年，因为超巨星消耗很快。它和 SN1054 以及产生太阳系的母体一样，应该都是死于"铁中毒"。这些结论都可以根据我们目前已知的星体核聚变方式推断出来。

当恒星刚刚产生之时，它将氢核聚合成氦核，按照爱因斯坦所描述的方式，释放出巨大能量。我们的太阳也在持续不断发生着核聚变，每一秒钟都会将数百万吨的物质转化为热量、可见光以及其他形式的能量。下一次当你瞥见太阳时，试着把它想象成一颗星星，不必管它是一颗大到足够装得下 100 万个地球的中等尺寸恒星。太阳表面的温度大约有 5500 摄氏度，而内核的温度则将近 1400 万摄氏度。所以，即便太阳距离我们很远，远到光都要跑上 8 分钟才能抵达地球，但它仍然可以灼伤我们的眼睛和裸露的皮肤。想象一下这些能量的源头是何等残酷的地狱，原子在那里又遭受了何等的虐待。火焰般的氢核主导着核聚变，这可以追溯到宇宙形成之初，但它们在太阳核心咝咝作响的这段时间可能是它们存在史上最有压力的时期。这台大熔炉产生的光和热，从某种意义上讲，就是原子受尽折磨时发出的呼喊，只不过其形式是电磁波。

宇宙学家对我们太阳系形成前的细节尚有争议，我们也不可能知道所有答案。但是地球上富含铁元素的事实，可以在那些合理的争议中肯定其中一部分细节。至少曾有一颗核心坍缩超新星，用它自己毁灭时留下的残骸，为我们太阳系的诞生播下了火种。

这颗远古超新星的起源是一颗恒星，在它制造新元素以前的数百万年里，一直进行着氢氦聚变。质子与中子聚集成更大的核，于是在恒星的中心位置，逐渐形成了较重的核，而较轻的元素像洋葱一样，一层层地包裹在外。

在这一进程的早期，当星体核心的温度飙升至数百万摄氏度时，碳核开始形成，并持续数个世纪。在这颗恒星最终死亡之后，这些原子大多数聚集成微型的钻石与小颗粒的石墨，再后来就成了钻石与铅笔的原料，以及你头发、肌肉和细胞膜中的碳框架。

在星核的外围，氦与碳发生聚变，并产生大量氧核，现在它们以水的形式存在于你的体内，或是以氧气的形式被你吸到肺里。在涉及碳和氧的核聚变循环中也形成了氮，它们中的一部分现在是谷物的肥料，还有一些则以其特有的方式进入你的基因和蛋白质里。当星核的温度达到10亿摄氏度时，过热的氧核就会结合到一起产生硅，如今在你脚下的岩石地壳，便主要由它们构成。

几周后，硅核在接近星体中心的位置聚集，你身体中含有的其他大部分元素都会在俄罗斯套娃一般的分层中产生。你骨骼中的钙和磷、你汗水中的钠和氯、你神经中的钾，大部分都出自这样一个熔炉。同时，等离子体与凝聚态原子形成巨大旋涡，从火球的表面逃离，向数百万英里外的太空散射气体与尘埃。

当发展到多层聚合这一步时，形成新元素时产生的聚变热量，仍然足以支持恒星持续燃烧，恒星不会因自重而坍缩。然而随着原子核越来越大，能量的平衡便会因重力而被打破。

带正电的质子会互相排斥，除非有一股力量让它们强烈碰撞并结合在一起。这种核力比重力要强上万亿倍，但只能在极短的距离内起作用，而且在原子核变大了的时候，质子相互之间的斥力会对核力产生明显抵消作用。因为这些对立的因素，过大的铁核发生聚变时就难以产生足够的热量以支撑起星体。

要理解原子核内这两种力量间的竞争，可以想象一下将一块巨石推到陡峭的山顶之上，就像希腊神话中的西西弗斯那样。你需要用尽全部力量把石头推到坡顶，可等你到了那里时，重力就会从你手中将石头夺走，远远地将它滚到另一端。这个突然向前的动作还有你肌肉的张力释放，很像是星体中心核聚变能量的爆发。但是，如果你准备最后一推时，脚底突然打滑会怎样呢？你就得原地守住你的位置，而对石头而言，它并不会区别哪面山坡的下面是终点。更糟糕的是，如果地面太滑，石头会压过你向下滚去。当孕育太阳系的那颗恒星开始熔铸镍核时，其内部便会出现类似的不稳定态，铁核会迅速产生，越过了这一临界点后，随之而来的后果便是灾难性的。

过多的质子很难在较大的原子核中继续守住它们的位置，因此含有大量铁原子核的等离子体不断增加，消耗的能量逐渐与新产生的能量持平。在几个小时甚至几分钟内，一个与地球差不多大小的金属原子核球体就此产生，星体开始因自己产生的灰烬而"窒息"，直到失去与重力对抗的力量时，内核便突然发生坍缩。

强大的压力与高温将铁核碾成一个直径只有几英里的球，坚硬且密度超高。原子通常不会被挤压到这个程度，但此时原子核已经在等离子态的热混沌体中失去了保护性的电子云，故而可以被如此紧密地堆积，一茶匙就差不多跟地球上的 10 亿吨一般重。根据美国国家航空航天局钱德拉 X 射线天文台网站的说法，这样的压力，相当于将全世界的所有人挤到方糖大小的格子中所需的压力。

星体内部的坍塌，在萎缩的星核表面与外层的等离子体之间，形成了一层可怕的空隙。几秒钟后，失去支撑的外层也发生坍缩，撞到致密的星核，然后又反弹穿过星体的更外层，惊人的爆炸便由内而外地发生了，释放出大量热、光和亚原子粒子。超新星的亮度比太阳要高出数百万倍，所以杨惟德与伊本·巴特兰在白天就能用肉眼看到几千光年以外的光芒，同时，随可见光一同抵达地球的宇宙射线，制造了一场氮氧化物"暴雨"，横跨了南北两极。

在冲击波横扫气体与尘埃构成的星云时，其自身也会诱发短暂的核聚变。一部分磷核会通过这种方式产生，与此同时，金元素、稀土元素以及其他比铁重的原子都会在这短暂存在的爆炸里首次出现。体积大到足以发生如此耀眼爆炸的星体相对较少，再加上过程短暂，所以重元素相对也就不那么常见——最终结果就是，对我们而言，它们比常见元素更昂贵。这一切，你应该感谢血液中流淌的恒星杀手——铁，正是它的存在，才使得金和其他稀有金属拥有了现在的价值。

太阳的诞生多亏了铁。冲击波将大量爆炸的碎片清除，并在邻近星体高能冲击波的协助下，形成旋转的星团。一些更为致密的星团所产生的引力吸取了足够物质，从而引发新的核聚变，其中最大的一些星团应该在冲击波刚刚经过时就已经被点燃了。所以最终的结果就是，死亡的冲击波，却点亮了一些新生的恒星，其中也包括我们的太阳。

地球的诞生也要归功于铁。当新生的太阳从它诞生的星云离开时，一些碎石形成缓慢旋转的盘状体环绕在周围，它们来自一个或多个因"铁中毒"而爆炸的星体，逐渐通过水分、磁力、引力或静电吸引聚集起来。当早期的地球成长到足够大时，其自身的重力便将其塑造成了球形，内部是密实的金属核，外层的地壳则是薄薄的一层岩石。

当你身处地球之上，你还需要再次感谢铁，你的煎锅、钥匙和汽车，你信用卡上的磁条以及控制罗盘的地球磁场都归功于它。而在地球上存在了40多亿年后，这些已经硬化的"母星之血"，仍然在你的血液和组织中扮演着毁灭者与创造者的双重角色。

蓝皮肤的人

1958 年，卢克·康布斯（Luke Combs）去肯塔基大学医院看望他怀孕的妻子，但比起他的妻子，一些医护人员对他却更加关注。查理·贝伦医生后来评论说，这名男子的皮肤"就像是凉爽夏日里的路易斯湖"。于是一系列调查由此展开——一种导致白种人皮肤变蓝的遗传血液病因而被发现。

根据印第安纳大学作家凯西·特罗斯特（Cathy Trost）感性而

引人入胜的报告，早在 19 世纪初期，"蓝精灵"就已经在肯塔基东部的山区为人所熟知。马丁·福格特（Martin Fugate）是一名来自法国的移民，他在恼人溪（Troublesome Creek）定居后，爱上了一位名叫伊丽莎白·史密斯（Elizabeth Smith）的女人。巧合的是，他们都携带一种罕见的隐性基因，而马丁与伊丽莎白所生的 7 个孩子中，有 4 个天生就是蓝色皮肤，他们的很多后代也是如此。

1975 年，当本杰明·斯特西（Benjamin Stacy）在哈泽德县出生时，助产护士被他皮肤的颜色惊到了。因为担心他可能患有某种类似蓝婴综合征的疾病，医护人员迅速将他转院到莱克星敦的大医院进行输血。转院手续办理之前，他的奶奶拦住了医生，问道："你听说过恼人溪的蓝色福格特家族吗？"最近，斯特西先生告诉英国每日邮报网站，他的皮肤已经有好几周不再是蓝色了。尽管多年以来，当他感觉冷或生气时，嘴唇和指甲还是会变蓝。

"福格特蓝"的医学基础是由血液学家麦迪逊·卡维因（Madison Cawein）在 20 世纪 60 年代构建的，他同时还设计出了一种有效而安全的治疗方法。卡维因于 1985 年过世，他生前告诉特罗斯特，他曾花了整个夏天，"翻越了整个山区寻找蓝人"，但一直没有成功，直到帕特里克（Patrick）与瑞秋·里奇（Rachel Ritchie）走进了他的诊所。

"他们都是蓝人，而且非常绝望，"卡维因特别提到这是一个肤色意识强烈的社会，"他们因为皮肤是蓝色，确实感觉到很尴尬。"尽管福格特家族中蓝人与一般人的健康状况无异，但他们的外貌，以及他人对山民近亲繁殖的刻板印象，给他们带来的耻辱感不亚于疾病的痛苦。

后来，卡维因的研究发表在《内科医学学报》上，肯定了有关北美阿拉斯加原住民血液状况分析的早期研究，即蓝色皮肤跟血液中一种含铁的血红蛋白有关。

血红蛋白一般呈鲜红色，当其中携带的铁元素失去电子时，它就会变成土褐色，这种形式被称作高铁血红蛋白或 met-H，而失去颜色的分子也同时失去了有效携带氧气的能力，除非电子重新恢复平衡。肯塔基的蓝人缺少一种功能基因，以致不能产生用于恢复电子平衡的酶，故而血液中比平常人含有更多的 met-H。

对那些父母都携带致病基因的人来说，情况会变得更加严重，血液的颜色会从樱桃色变为略显紫色的巧克力色。在本杰明·斯特西的案例中，他最初的肤色之所以会褪去，是因为他还携带了正常的基因，在他成长期间，这部分基因足以减弱他的酶缺乏症症状。而这种皮肤的蓝色，与其说是来自血液，不如说是来自输送血液的血管。

透过灰白色的皮肤观察，我们常常看到血管壁呈现蓝色，因此会让人误以为脱氧的血液也是蓝的。深埋于皮肤下的红色或棕色会转变成蓝色，这一点在所谓的"蒙古斑"中也得到了"证实"——在亚裔、美洲原住民及东非的人群中，九成的新生儿会在臀部或下背出现这种斑。这种蓝斑很像是瘀伤，有时会让不熟悉情况的人（白种人几乎不会出现这种情况）误以为这是虐待儿童的迹象。但实际上，这是聚集在皮肤深层的黑色素颗粒，在过了婴儿阶段之后就会逐渐褪去。

如果你的皮肤颜色较浅，那么你可以在下一次献血或是做血样检查时，亲自去击碎这种静脉血管错觉。当针头刺入蓝色静脉时，流入样品瓶的血液是红色的。根据一些学者研究，同样的错觉也曾发生在欧洲贵族的身上，他们认为自己的血是蓝色，因此提出了"蓝血贵族"的概念。其实，这不过是因为他们的皮肤呈半透明的奶油色，又不会因为在日光下劳动或是与有色人种通婚而变成深色。

卡维因对"福格特蓝"的治疗方法很简单，需要做的不过是给血液中的铁提供一种电子给体——一种无害的染料就可以起到这种作用。在帕特里克和瑞秋·里奇的家里，他给两人分别注入了100毫克名为"亚甲基蓝"的生物染色剂——这名字颇有些讽刺性。他告诉特罗斯特："几分钟内，他们皮肤的蓝色便消失了，他们人生中第一次变成了粉色。他们非常开心。"

皮肤与染料的颜色相似，这纯粹是一种巧合，但这却引起了患者们的注意。染料通常会通过尿液排出体外，据说有一位山民曾告诉卡维因："我可以亲眼看到原来的蓝色从我的皮肤中出来了。"卡维因后来采用药物治疗替代了注射，因为这种治疗效果只是暂时的。

铁与血之间的秘密

对每一个通过服用铁补剂来克服贫血症的人来说，铁与血之间的关联都是非常清楚的。在古代，赭石以及其他一些富含铁锈的矿石也常被视作血与生命的象征。铁对于我们的健康极为重要，这一点已广为人知；然而，铁既能服务于细胞也能破坏细胞的真实细节却很少有人了解。

举个例子——还记得大力水手吗？"我力大无穷，因为我爱吃菠菜。"这句广告语伴随着我们很多人长大。当父母教育挑食的孩子们也要吃菠菜时，最常用的理由就是铁这种金属与肌肉强壮的水手之间的直观联系。然而，最初促进菠菜在美国文化中推广的基础并非补铁，而是补充维生素 A——用以改善 20 世纪初儿童饮食中营养不良的问题。不知何故，这一信息在传播中被人们误解了。

事实上，菠菜的含铁量在蔬菜中并不算非常高，而且相比红肉而言，植物性食物中的铁也更不容易被吸收。血液学家特伦斯·汉布林（Terrence Hamblin）曾给《英国医学学报》传统的圣诞幽默特刊供稿时写道："大力水手可以将咀嚼罐头盒作为更好的补铁方式。"

那么铁究竟能不能对增强体质有所帮助呢？当然有了。我们知道，往铁里面加入少量的碳可以使铁变成钢，强度得到提升，而在身体中，却正相反：向碳化合物中加入一点铁，可以让你的细胞更好地发挥清理、运输、产生能量及免疫等作用。

这一切都源自一颗依偎在一个舒适的分子篮中的铁原子。

你总会在生命的某一刻有意无意地看见自己的血是什么样子。或许你注意过它的颜色与铁锈很相似，并且猜测这两种物质都是因为铁在氧气的作用下变成了红色。在一定程度上这是正确的，但你还需要将血的颜色归功于血红素分子——一种存在于血红蛋白中像篮子一般携带着铁原子的分子。

血红素中由碳和氮原子构成的五元环及六元环可以与可见光发生共振并吸收掉其中一部分，从而显现出各种不同的颜色。擦伤中的黄色或橙色，就是源于这些分子环被破坏后的血红蛋白，被称为胆红素，尿液的金黄色则大多源于胆红素的进一步分解。棕色皮肤的颜色来自黑色素，同样也是一种碳基的网状分子，同样不需要铁来帮助生成颜色。有时候，色素颜色代表着有机体的重要特征，例如黑色素，不仅是不同肤色文化的象征，也可以减少阳光中紫外线带来的伤害。不过在你的血液中，颜色主要意味着后者——血红蛋白的首要功能是让你活下去。

孤立地来看，血红素很像是一张小小的铁丝网——平坦、对称、复杂，并且从确定的中心向外辐射，携带着你身体中大部分的铁。围绕中心的是四个碳-氮环，每一个环都有一个氮原子指向内侧。当血红素在中心的位置挂上一个铁原子后，血红素便可以从你的肺部接收氧气，并将氧气送达你身体内的任意部位。

铁原子被血红素网住以后，就可以从血液中抓取氧分子了，然后再在需要的位置将其释放。当血红素位于血红蛋白隆起处顶端时，血红蛋白通过分子的卷须将氧气分子从上方压住，会有助于在艰难通过血管之时，保持氧气稳定。

没有血红素包裹的铁，你即使大口喘气，也仍然得不到足够的氧气，因为此时你的血浆只能携带极少量的氧气。你的每一个血红蛋白分子都带有 4 个血红素，而你的每一个红细胞中则含有大约 250 万个血红蛋白。在你手臂动脉中流淌的每一滴血，都含有数百万个红细胞，也就是说，数以兆亿计的氧分子正被铁束缚着，通过"红色运输线"来到你的手上。

如此高效工作的铁原子在你刚出生时，就已经开始向你的细胞运送氧气了，而且还将继续为你服务直到你离开人世。然而，如果你此刻还在子宫里，那它们现在的形式未必会如此高效——你的肺还没有开始工作，而且子宫里也没有任何新鲜的氧气。作为替代方式，你只能通过脐带从你母亲的血液里获取氧气。这就需要一种特殊的胎儿血红蛋白（血红蛋白 F），它们可以比成年人的血红蛋白更紧地抓住氧气。这种临时的措施可以允许你通过脐带从你的母亲那里获取氧气，直到你可以自行呼吸为止。

但是对你的健康而言，含铁血红素为你做的其他事与运输氧气同等重要。有一种令人不安的潜在危险可以证明此事，那就是氰化物的中毒机理。

用最简单的术语来描述，氰化物是通过窒息使人死亡的。中毒者失去血色的现象用医学术语来说就是"发绀"，这个词也是氰化物的词根来源（氰化物的英文是 Cyanide，发绀是 cyanotic），它描述了中毒后因缺氧造成的蓝色嘴唇。在溶液中，氢氰酸（氰化氢）的氢离子发生电离成为自由离子，剩下的氰离子就成为氧气的致命模仿者，与血红素非常契合地结合。

当氰离子像氧气那样与铁结合时，血红蛋白从你肺部运送氧气的过程就会减缓。然而更严重的损害将发生在细胞中最为偏远的角落里，也就是线粒体内。氰化物"别动队"可以将含铁的组件破坏，而那些正是生产能量的组件。

血红素携带着活性铁原子结合在细胞色素上，这是一种有别于血红蛋白的蛋白质，其中一部分驻留在你的线粒体中。就像大块的铁可以导电一样，血红素上的铁也可以通过细胞色素传递电子，从食物中获取化学能。这是一条严密的电子传递链，而氰离子通过与铁原子结合攻击了这一链条，使得电子的传递变得特别困难。没有了能量供给，你的肌肉与神经都将停止工作，你的心肺也会衰竭。

与人类一样，血红蛋白对其他哺乳动物而言，同样是占据主导地位的血液蛋白；如果你发现烤架上的生牛排逐渐变成了棕色，那你观察到的便是血红蛋白变为 met-H 的过程。但肉的颜色也来自另一种含铁的蛋白质，即肌红蛋白。它们就像是肌肉细胞的氧气仓库一般，并且在煮熟时也会变为棕色。对你的细胞而言，氧气意味着能量，而更多的血红素铁也就意味着更多氧气，肌肉的力量也会因为肌红蛋白中少量的铁得到增强。

鲸、海豚和海豹在水下长时间屏息潜水时，会更多依赖肌肉中的氧气，很多海鸟也是如此。它们的肌肉中可以存储更多的肌红蛋白，从而呈现暗紫色。当你第一次碰到时，你一定会对此大吃一惊。我可以讲一讲我自己的经历。

多年以前，我曾是奥杜邦协会生态营地的一名教员，驻扎在缅因州的海岸。在那里，我参与发起了对一座岛屿的寻访——一个世纪以前，该岛屿因过度捕猎，海雀已然绝迹，如今又重新被引进。自此我就习惯于认为海雀是濒临灭绝、需要营救的物种，但后来访问冰岛时我面对的却是一个道德困境——那里的人捕猎海雀作为食物。在雷克雅未克的一家餐馆用晚餐，我打开菜单时着实吓了一跳，我需要在牛排、三文鱼和烤海雀胸脯肉之间进行选择。细节就不说了，那个晚上我知道了两件事情：一是当我面对诱惑的时候，我可以是一名伪君子；二是海雀肉的颜色与葡萄酒很接近，味道也非常配。

在你的体内，大约有 1/3 的铁存在于血红蛋白与肌红蛋白以外的分子中。含铁的蛋白质可以构建并修复你的基因，代谢药物及毒剂，帮助产生激素，并且很多酶会将铁作为分割利器。例如，当已经无用的血液细胞需要被回收时，肝脏中的色素细胞就会将它们切成碎片。如果你曾经用过双氧水处理伤口，你或许会注意到它产生的乳状泡沫 —— 这是过氧化氢酶的杰作，通过四个铁原子，保护性的酶每一秒钟都会将无数双氧水分子分解成水和氧气，避免双氧水伤害更多细胞。在身体组织的各个部位，过氧化氢酶分子都在做着持续的保卫工作，让你免遭危险化学废物的侵害，而这些废物通常是由你的代谢系统在体内产生的。

一名普通成年人体内大约含有 4 克铁，相当于 3 个曲别针那么重。在你的体内，铁可以被用于实现一些有益的目的，你的细胞也会将它作为一种武器。但有的时候，一个不恰当的操作却也能让枪口掉转，对准它的主人。

铁最具生物活性的状态被称为二价铁，二价铁很容易将电子转移给其他原子或分子。也是因为如此，二价铁又可以在某些细胞中的化合物跟前表现出很恶劣的行为，形成腐蚀性的自由基分子，损坏组织，并在伤口的位置妨碍血液凝结。当它受控时，铁对你是有帮助的，但只要有 1 克不受控的二价铁，就足以将一个孩子送进医院。多数致死案例是给儿童喂食成人剂量的含铁补剂导致的，儿童的典型致死剂量大约是 3 ~ 6 克（成年人的平均致死剂量为 10 ~ 50 克）。根据《儿科》杂志的报道，在 1983 年至 1990 年间，美国有 16 名低于 6 岁的儿童因此丧命。

为什么你血液中的铁并未置你于死地呢？这是因为大多数铁都被血红素或其他分子束缚住了，而你的细胞还雇用了一支"维和部队"，确保铁元素在完成任务时只带来最小的附带伤害。这类分子中最常见的一种是缠绕蛋白，可以包裹或直接吞噬铁原子。其中最主要的是铁蛋白，专门在细胞内部将铁隔离；还有转铁蛋白，可以在细胞之间传递铁。

你体内铁原子的破坏力当然也可以用于抵御致病性微生物。免疫系统的第一道防线用的是一种"焦土政策"，让入侵者断粮断补给。此时此刻，你只需要简单地用血红蛋白和其他物质将血液中的铁锁住，不让细菌的酶得到它们就行了。这不仅可以保护你，让自己远离危险的副作用，也可防止病原体利用它们来伤害你。红细胞通常会限定你的血红蛋白，不过当它们最终瓦解或损耗时，任何泄漏出的铁都会很快被铁蛋白或转铁蛋白吸收。因此你的身体中几乎不会含有活性的游离铁，这通常是一件好事，因为无论如何你都不会希望看到它们在你身体里自由漂荡。

然而，身体里异常缺乏游离铁也有不利的一面，这会让你暴露在微生物面前。当感觉到铁的浓度比体外环境低得可疑时，处于休眠状态的细菌基因便会突然启动。这会释放大量的蛋白质，窃取你体内的铁，并将其送到入侵敌军那里。

这些蛋白质攻击你的细胞是为了让它们释放含铁的分子。细菌表面其他一些特殊的蛋白质会将暴露的铁原子从它们的守护者身上撕扯下来，有时也会将整个分子吞噬。然而，另一种被称为"铁载体"的细菌产物，是与铁结合力最强的几种已知物质之一，它们像可食用海绵一样，将铁化合物吸收并控制，直到饥饿的微生物将它们整个吞噬。

波斯学者伊本·巴特兰对超新星与瘟疫间关系的猜测，其实应该从这样的原子级别来解释。鼠疫耶尔森氏菌是黑死病的元凶，它会释放一种叫作耶尔森杆菌素的铁载体，从受害者体内夺取铁。铁载体如此高效，以至于一些不致病的细菌甚至很多植物都会利用它们从含有铁锈颗粒的土壤中将远处的铁吸引过来。

不过作为受到攻击的回应，你自己的细胞还会发动第二波防御战。乳铁蛋白将游离铁的碎片全部清扫，并在细菌身上钻孔，杀灭它们。噬铁蛋白跃到铁载体的"铁海绵"之上并将其覆盖，因此细菌就不能识别和吸收铁载体了。冲突进一步升级，于是入侵者会释放出更为狡猾的铁载体，不会很容易地被附着，而当炎症与感冒将你的身体作为战场时，情况会变得更为复杂。有些细菌，如导致莱姆病的伯氏疏螺旋体，完全绕开了混乱的铁战争，将目标转向不太被关注或保护的锰原子，替代铁用于自身的新陈代谢。

很显然，虽然铁具有一些潜在危险，但对你来说还是非常重要，对其他生物而言也是如此，这也是为什么你的食物里会有生物性铁的存在。同样，哺乳动物与鸟类都拥有血红蛋白和其他一些含铁的分子。至于菠菜，虽然它所提供的铁远不及《大力水手》动画片中描述的那样多，但它与其他蔬菜也含有该元素，因为它们自身的细胞色素还有自由漂浮的酶都离不开铁。浮游藻类会从海洋中的细菌性铁载体那里获取铁；苜蓿与其他豆类植物的根部生活着根瘤菌，利用富含铁的酶将空气中的氮转化为肥料，并与宿主一起产生了一种类型的血红蛋白，可以帮助细胞在地下完成呼吸。

这些联系，让你可以通过你吃的食物追溯到那些为植物提供铁的土壤，还可以继续追溯到地壳中的古老岩石，甚至可以追溯到太阳系诞生时的那次爆炸产生的星体尘埃。

关于铁的反思

纵观整个人类历史，我们一直都受益于铁的特性，不仅在血液与肌肉中，还有地球磁场，是地磁帮我们抵挡了宇宙射线与太阳风——太阳强烈爆发的亚原子粒子与能量，我的一个学生将其比作"愤怒的吹风机"——使我们的大气层不至于被吹到太空中去。随着冶铁与加工技术的提升，我们现在已经能够利用这种在恒星之中诞生的金属制造人体延伸物，就像早期的一些动物利用其他元素进化出外壳或骨架一样。

追本溯源，在亚洲与非洲正式开启铁器时代以前，只有很罕见的陨铁被用于装饰或工具。三四千年前，这种新技术在安纳托利亚被广泛使用，或许也在赤道非洲地区有所发展，在 3000 ~ 2500 年前传到了欧洲与中国，又通过贸易与战争传播到了世界的其他角落。在杨惟德与伊本·巴特兰的时期，铁器已经不再新鲜，基于很多因素，这个时代仍然持续了很久，直到被工业时代、太空时代以及数字时代所更替。但铁依然是世界上使用最广泛的一种金属，只不过多数是以钢的形式被使用。根据世界钢铁协会的统计，2012 年，仅中国就生产了超过 7 亿吨钢材，占全球总量的一半，相比客星 SN 1054 出现的那个时代已是天壤之别，那时全世界每年铁的总产量不过几十万吨。磁铁被用于卫星与 GPS（全球定位系统）零件、录音设备及音响、电吉他拾音器以及电脑硬盘。越来越难以想象，如果现代文明没有了电磁媒介会怎样，不过即便在它们出现以前，和 1000 年前相比，我们也早已更依赖铁和铁的合金了。

看看你衣服上的各种纽扣与拉链，它们都是由坚硬的钢针缝制的；再看看书桌抽屉里的剪刀与订书器，让你进出房间的合页、门把手与门锁，将木板组合成屋子的钉子与螺丝，以及保持摩天大楼直立的钢结构。你的食物用钢铁器具加工出来，装上钢铁制造的卡车或火车，经过钢铁打造的桥梁，最终运到你面前并被你消费，而它们之前生长在用钢铁犁过的田地上。警察与军人配备着钢制武器，它们改进自中国古代用铸铁做的"火铳""燧发枪"和"飞云霹雳炮"等武器。上述所有的这些东西，都是由工业钢具经过切割、拉伸、浇铸、钻孔和冲压等工艺加工制成的，而冶炼这些钢铁时排放出的温室气体也在改变着大气的化学组成与温度。

就像铁会从正反两方面影响恒星与细胞一样，通过用其制造的越来越高级的，或用来创造或用于破坏的工具，铁也将继续服务或伤害我们。如何实现平衡？这将取决于我们对"原子联系"的理解能力，这种联系包括我们的原子与原子之间的联系，我们的原子与我们的地球之间的联系，以及我们的原子与太空深处的联系——我们都曾在那里遨游过。

我们制造的机器已经将人类送上了地球轨道，并且我们也已能够了解太阳系外的空间，一些曾经不可能抵达的地方看起来也越来越像是我们家园的一部分。我们现在可以正确地认识"流星"的闪光到底是什么，这些宇宙邻居的碎片并非真的消失了，而是与我们的大气发生摩擦，然后它们的原子融入了我们的空气、水以及土壤，甚至还有我们的血液。当夜幕降临，迈出家门，抬头望着星月，此刻我们可以更好地理解，那些遥远世界存在的种种物质，也在你我的身边和体内存在着。我们还将在科学前辈们打下的基础上继续前进，而我们如何解释这一切，又会做出怎样的反应，都将会在历史上写下独一无二的篇章。

第四章　生命之链——碳

我们的碳原子进入叶片中……就像昆虫被蜘蛛抓到了一样，它脱离了氧原子，又与氢原子结合……最终嵌入了一根链条之中，这条链是长是短并不重要，重要的是，它是生命之链。

——普里莫·利维

（Primo Levi，意大利犹太裔化学家、作家，

奥斯维辛集中营幸存者）

有机化学研究的是碳化合物，生物化学研究的是爬行的碳化合物。

——迈克·亚当斯

如果你的身体是由空气污染物组成的，你会怎么想？不管信不信，你身体的很大一部分已经是这样了。

想象一下你身体里九成的原子突然失去了颜色，剩下的那一成呈现幽灵般的半透明，那么现在的你就好像是一尊烟色玻璃的雕塑。如果你能想象出来，那么现在你将会看到在你的身体里嵌着800亿亿亿颗碳原子。令人难以置信的是，最近出现在你体内的碳原子中，每8个里面就有1个来自烟囱和排气管。

到21世纪末时，燃烧煤炭、石油及天然气会向空气中排放更多的二氧化碳，因此我们后代身体中也会有更多的碳来源于化石能源。这是因为，植物会从空气中吸收二氧化碳，于是我们燃烧化石能源向大气中排放的碳，最终会通过全球的食物链进入我们体内。如果

我们继续保持现有速度燃烧化石能源，直到剩余储量全部耗光，那么下一个世纪之后的人类都将成为"废气之子"，他们体内的有机质很大程度上来自我们排放的废气。

这些观点看上去有些古怪，但其实并非如此。我们都是由原子组成的生命，虽然我们乐于接受我们的某个微粒曾经在一个喜欢的人身上或地方待过，但同样的关系链也可能存在于我们和我们不太喜欢的人或地方之间。

当我写下这些文字之时，我周围的空气中大约每百万个分子中有 400 个是二氧化碳。当我的祖先在 18 世纪第一次踏上美洲大陆时，他们呼吸的空气中含有的二氧化碳要少一些，每百万个分子里差不多有 280 个。我们呼吸的这些多出来的二氧化碳，可以归因于过去这两个世纪燃烧的化石燃料。相比丰度高上千倍的氧气而言，这点含量微不足道，但就是这一小部分碳的氧化物却可以让巨大的冰冠融化，扰乱海洋的化学平衡，同样它们在你体内的比例也会增加。

我采访了大气化学家拉尔夫·基林，向他询问关于我们体内来自化石能源的碳的事。他指出，目前空气中大约 1/4 的二氧化碳都与人类活动有着密切的关系，有些是直接相关，有些则是间接相关。"气体总是会在海洋的表面溶解或逸出，"他解释道，"因此海水中的二氧化碳很容易与我们释放到空气中的那部分进行交换。"他估算大气中的二氧化碳含量从 280ppm 上升到 400ppm 的增量由等量的两部分组成：我们排放的废气，以及废气从海水里置换出的分子。这也就意味着现代食物链中新增加的碳有一半——或者说你体内碳元素的 1/8——都来自化石能源燃烧排放的二氧化碳，而另一半则来自海洋中那些被替换出来的流亡分子。

在遥远的过去，小型农场中食物与废物之间的联系对一般人来说都很明显。田地为牛提供干草，牛为人类提供食物，并给田地回馈了肥料。工业文明的兴起以及城市规模的增长，让人们很难再看到他们吃的食物是如何生产的，以及他们的垃圾去了哪里。不过如今一些新的科学发现可以帮助我们弥补认知上的缺口，揭示实际存在的原子特性。当我们学会跟随体内外的各种元素来回穿梭后，我们便可以开始问一些更深刻的问题——关于我们与世界之间的联系。我们身体的一部分由含碳的废弃物组成，这究竟意味着什么？你的碳原子究竟从哪里来，它们在你体内做什么，又将往哪里去？这些问题的答案会令你大吃一惊。

没有人是一座孤岛

简单来说，你身体的大部分是由空气和水构建的，但要想实现这一点，你还需要植物和光合微生物的帮助。你的每一条肌肉纤维、每一克脂肪与血糖、每一根骨头以及每一段基因，都是由碳原子搭建的框架，这些碳原子来自你身边的空气，但空气中的碳原子却和沙石河床里的金子一般稀少。不过这一小部分却非常了不起，当它们被植物筛选并以糖的形式储存起来时，就可以继续进入包括你在内的其他生物体中。

伴随着你的每一次呼吸，碳都会进入你的肺，然而只有当你吃下或喝下它们时，它们才会变成你不可或缺的一部分。从这个意义上讲，你是个绑架者，从其他生物那里绑走了碳原子。如果你能顺着原子供应链条，从盘中物回溯到农场与渔网，最终你将会碰到植物、海藻与蓝细菌。它们是连接你和空气中碳元素的入口，也就是地球上的初级生产者。

尽管模糊认定"所有生物都是有联系的"并不困难，但大多数联系用常规的尺寸、时间或距离的观点来看，其实并不明显。这种不可见性使得这些联系很容易被忽略，也很难被理解或相信。即便你的食物都是自己种的或养的，用原子的理念去思考你自己与环境的关系也并不寻常。所以接下来的一段时间就要请你"不寻常"一会儿了——如果你愿意，请想象一下你体内的碳。

2000万个碳原子挨个串起来也就能围住一颗罂粟籽，如果你试图看清其中一个，那无异于从地球上用肉眼寻见宇航员在月面尘埃上留下的脚印。然而，如果足够多的碳原子聚集到一起，它们构成的事物及现象就变得易于观察了。

比方说，当微风轻轻拂过脸颊时，你可以亲切地感受到含碳化合物的撞击，而且它们还有更多的来源。空气中弥漫的 CO_2 分子大约有100亿亿亿亿亿个，每一个分子都像是一颗碳原子两侧插着一对球形的氧原子翅膀。海洋学家保罗·法尔科夫斯基（Paul Falkowski）及其团队曾在《科学》杂志发表过一篇论文，其中报道海洋中含有的二氧化碳大约是空气中的50倍，而生物体内携带的碳元素则相当于大气中的2～4倍。一般来讲，一个成年人体内平均含有30～40磅（13.6～18.1千克）的碳原子。

一块纯净的碳可能看起来就像是黑色的脏东西，不过很奇怪的是，当你清理烟囱或锅底时从手掌上擦掉的黑灰，同样也存在于你手掌的内部。当然，在你还活着的时候，构成手的碳原子看起来完全不是什么脏东西，但如果从组织里将其抽取出来的话，它们也会是黑色颗粒。

这一点很重要，你体内的碳原子与烟灰中的碳原子其实是一样的，而且当死去的躯壳被火化时，体内有些碳原子真的会变成烟灰。你曾经遇见或听说过的任何人，你能想象到的从蠕虫到袋熊的各种生物，你电脑屏幕所使用的塑料、给你汽车提供动力的汽油，还有道路上的沥青，所有这些材料所含有的碳原子都一样。碳原子就好比是乐高积木块，可以用无限种方式堆积或连接，既可以构筑最简单的形状，也可以搭建最复杂的梦幻飞机。之所以可塑性如此强，关键就在于它们既能够彼此连接，也能够与其他元素连接。

一个典型的碳原子核中有 6 个质子与 6 个中子，有 4 个成键电子，可以与其他原子之间形成强力的共价键。任何一个碳原子都可以抓住两个同伴或是连着两个不同的原子嵌入一条长长的分子链中。通过这种方式，同样的碳原子却可以是无数分子的构成部分，就像是在舞台上同一个演员变换着不同的角色。你睫毛上的碳原子同样也能够参与构建你眼中的透明角膜蛋白或识别视色素。在遥远的过去，它们或曾织就过世界上第一张蛛网，或曾让始祖鸟的彩翼熠熠生辉，又或曾让史前鲜花吐露出缕缕芬芳。

认识到碳化合物存在并不长久的本质有助于缓解你的焦虑感，毕竟你体内那些来自化石能源的碳原子，要是还保留着臭气熏天或烟雾缭绕的特性，会让人很苦恼。如果用更长远的眼光回顾历史，你会发现这些曾经属于煤或石油的碳原子，更早的时候也许是待在秀美的森林或原始的海洋中。当原子参与构成新的分子时，先前形式的性质也会消失，所以无论你早餐麦片中的碳原子最近在哪里待过，都没有什么实质的区别。对它们来说，每一个新的分子都是一次新的开始。

你体内的原子也许曾经历过穴居熊的呼吸或是其他前身，但这些记忆并不会让它们分心；同样，那些排放物中的碳原子，现在成为你肉体的一部分之后，对你的健康或容颜也没有直接影响。人类的身体一直都在由过去其他人或事物使用后又丢弃的碎片回收再利用而成，从这个意义上讲，我们都是"活着的死者"。但我们对这种原子级别关联的认识，让我们更容易想起我们祖先早就有了的直观概念：没有人可以真正与世隔绝。就像 17 世纪的诗人约翰·多恩（John Donne）所写的："没有人是一座孤岛，可以自全；每个人都是大陆的一片，整体的一部分。"

古代人或许会更容易感受到他们与土地、水和空气的联系，也会更容易感知他们生活中的自然限制。如今，我们似乎已经忘了超市并不生产它容纳的商品，也会认为下水道与垃圾桶是什么都能丢进去的无底洞。

在这种环境下，认识到你体内存在着化石燃料碳原子就成为很有价值的体验了，不是因为它们会直接伤害你，而是因为它们会把你和气候、生存环境以及全世界的所有人都联系起来。然而更让人头疼的还是那些有害物质，它们可能会伴随着那些碳原子，成为你身体的一部分。

例如自然界的煤通常含有少量水银，美国环境保护局（EPA）估测，自 1990 年起，仅美国的燃煤电厂每年向大气中排放的汞就超过 50 吨。有毒的汞如今已高度扩散，甚至公海中剑鱼体内的汞浓度比 EPA 认定的食用不安全上限（0.3ppm）还要高出 3 倍。EPA 近期的另一项研究还发现，超过 100 万美国育龄妇女的血清与头发中所含甲基汞浓度超标，这也使得超过 75 000 名新生婴儿有可能因为在子宫中吸收汞而导致神经损伤。

我们身体的碳平衡所发生的变化，说明我们居住在一个有限的世界，并且被它深刻地影响着。在这个原子构建的疆域里，物质只会被回收或重构，而不会真正地被创造或毁灭。当我们去处理生活中产生的垃圾时，我们应当要牢记，至少在这个地球上，并不存在什么地方是我们可以将它们永远"扔掉"的。

自然界的流通货币

尽管含碳化合物具有惊人的多样性，但它们也有一个共同的特征，那就是都可以被分解。这个过程可以是微生物降解，也可以是被消化，不过最简单的方式还是加热。任何一种含碳化合物被投入熔炉中，只要温度足够高，它就会被氧化成一团气体。只要你舍得为科学做贡献，就连钻石也可以被点燃——19世纪初期英国化学家与物理学家迈克尔·法拉第就记录过这一实验："在黑暗中，钻石发出明亮的红色光芒，偏向紫色，持续燃烧了约4分钟。"

为了观察原子转化，证明相关原理，相对于钻石，我更推荐你烧一些并不昂贵的有机化合物。当然，你肯定见过这种现象，比如在火炉里或是点燃的烟头上，不过如果你用心观察，就会发现它呈现的是另外一回事。我时常带着学生做这些观察，以证明生命的元素特性。我自1987年起就在保罗·史密斯学院教授自然科学，这所学院位于纽约州北部，植被茂密，校园里有很多香脂冷杉树。我最喜欢做的一件事就是用身边的这种树做例子。

上一次证明这一观点时，我从树梢上折下一根干树枝并讲道："看到这根树枝了吗？它看上去不像是一堆碳原子，但它确实是。我们只需要借助一点魔力……呃，谁有打火机？"

树枝发出噼啪的声音，冒着烟，片片炭屑和灰烬落到地上，我从学生们的脸上读出了信息，那就是他们已经理解了这场展示要教给他们的一课。这些原子也是构建我们人体的原子，而且有一天我们也都会经历和树枝一样的命运，或许是烈火，或许是更为缓慢的腐朽过程。

"我们刚刚拆解了一整个季节的阳光、雨水和山间空气，"我继续说道，"这块黑色木炭是纯化的碳，大部分其他原子都已脱离。灰烬是树木从土壤中获得的矿物质。然而，此刻这根树枝的大部分都在以二氧化碳与水蒸气的形式被吹散到树林里，我们下风口的树木此刻正在吸收着这些碳元素，生长为新的树枝。如果将来有鹿群从这里经过，也许其中会有一头小鹿将这些嫩枝作为点心；到了明年，或许你们当中有谁猎到这头鹿，将它做成下酒菜，这样，这些碳原子就会成为你们的一部分，不过也只是暂时的。"

当然，你永远都不会知道，这种时候学生们会如何回应。当我暂停片刻，让他们好好消化这些内容时，一个小伙子发问了。

"如果这些树可以将二氧化碳转化为树枝，是不是它们也能把我们呼出的废气转化为树枝？"

"当然了，"我回答道，"非常好！我觉得你已经弄清楚重点了。"

"所以如果明年秋天我吃了鹿肉，"他嘴角闪过一丝狡黠，"是不是也算是在学习，因为我也吸收了这堂课上的一些热空气。"

无须多说，我们都很享受在保罗·史密斯校园内的这种活跃气氛。不过当我们被他的玩笑逗乐时，我发现这一层幽默也恰恰展示了这小伙子对自己原子本质的认识，毕竟他最后的推测还是对的。

在生物与非生物之间，有一扇旋转门立于其间。在陆地上，植物从空气中吸取二氧化碳，将它们的原子重新编织成糖类分子，用于搭建细胞结构和储存能量。相关专家估测，每年大约有1200亿吨碳原子会通过植物茎叶完成循环——大约相当于大气中气态碳原子总量的1/6。很多碳原子并没有发生变化，又重新扩散到了空气中。不过就算是那些成为汁液或种子的碳，迟早也都会以 CO_2 废气的形式回到空气中，要么是植物自己来排放，要么是其他以植物为食的生物来排放。

更简单来说，大气会变成我们，而我们也会变成大气。我们的细胞将不可见的原子编织到身体里，然后又将它们释放到一个极其富裕又环环相扣的"生命经济体"，其中的流通货币就是碳。

你所吃下去的大多数含碳化合物，都会变成保持身体机能和恒定体温所需的能量，其中只有大约1/10会成为构建身体的材料。在你细胞的"代谢工厂"中，碳原子在食物分子中发生松动，成为二氧化碳后自由飘荡，随着每一次呼吸而被释放。但是与熔炉不同的是，你摄入氧气与呼出二氧化碳之间的关系并没有那么直接。

你的呼吸循环是一曲非常复杂的二重唱，一个声部是氧气消耗的一系列过程，而另一个则是含氧食物的分解过程。这样的结果就是，护送碳原子从你的血液中出来的氧原子，大都不是你刚刚吸入的那些，不同于你望着壁炉所猜测的那样，从房间一头吸进空气，同时在烟囱那头排出烟尘。刚刚吸入的氧原子会经过代谢变成水，而呼出的 CO_2 中，大部分氧原子是通过胃而不是肺进入你体内的。细胞会将你刚吃的那片面包撕碎，所以你更可能是将它们呼出去，让它们化作阵阵轻风回到曾经生长的那片明媚麦田，而非将它们排泄出去。

你也会把自己呼出去。你体内的细胞在不断进行修复与置换，很多有机物会在你体内消化酶的"咀嚼"下被终结，然后随着其他从食物里产生的废气一起从肺部排出。

从原子的角度来观察，你就是一团构成异常复杂的压缩空气。所以，大气组分的变化势必也会改变你身体的组分，这根本不奇怪，而且在如今越来越拥挤和工业化的世界中更是如此。我们不仅仅会被空气污染所影响，从更深层次讲，我们就是空气污染。

CO_2 的穹顶之下

戴安娜·帕塔基（Diane Pataki）很清楚，当人口数量达到相当庞大的规模时，空气对于人类排放废气的反应会有多敏感。她是一名环境生物学家，就职于加州及犹他州的多所大学，曾协助建立了一个生态研究课题，在大城市这种新型的生态系统中，追踪原子的运动。

《地球物理研究快报》曾经刊登过帕塔基的众多作品，其中2006 年的一篇文章描述了在大城市内部及周围，空气对人类活动的反应是如何迅速。随着人们行为的变化，原子比例每个小时都会发生波动。通过这种方式，空气记录了我们的影响，帕塔基与她的团队也揭示了我们作为一个整体是如何影响大气的。

被作为研究对象的生态系统是犹他州的盐湖城，但在其他城市中心进行的研究也揭示了类似结果，其中包括：洛杉矶、菲尼克斯、巴尔的摩和巴黎。因为传统的生态学家都将目光集中在野外，因此这项研究中的一项发现直到最近才引起生态学家的注意，那就是城市居民与机器制造出的富碳气体罩，帕塔基与同伴们称之为"城市CO_2穹顶"。

这个词用得颇有些不当，"城市CO_2穹顶"并没有确定的形状，内外之间也没有明确的界限。它很像是一个没有橡胶层的气球，内部充满了人们呼出的富碳废气，其密度一般比空气更大，因此更倾向于贴在整个城市的地面上，形成无定型的隆起。模糊的边界会化掉并随风飘散，底层则会不断补入废气。

每一座大城市都有一个这样的穹顶，不过大小形状和构成比例就各有不同了，这取决于当地的环境与文化。比如洛杉矶的CO_2穹顶因为受太平洋的西风影响，被压缩到了周围的山坳中，而上方被一层空气封住，因此城市废气不会向上逃逸。它会有节奏地膨胀或收缩，当太阳照射使穹顶中的空气升温时，垂直方向的厚度可以达到大约半英里（800米），到了晚上差不多就只有一半高度了。

盐湖城的地势更为开阔，城市上方的穹顶边界没那么清晰，可以在不同的气象条件下更为自由地摇晃或扩张。但是在穹顶内部所发生的一切，则最为清晰地展示出人类与空气之间的原子关联。

在2004年12月到2005年1月间，帕塔基和她的同事们分析了盐湖城内部与周边空气的化学及同位素平衡，发现穹顶内每天都会出现两次CO_2浓度井喷的现象，第一次是在黎明前的几个小时，到了邻近傍晚时又会再次出现。通过分析烟雾中的特征同位素指纹图，该团队可以追踪穹顶中额外的碳原子，判断在确切时间化石能源的燃烧增长情况，这也反映了当地居民的生活习惯。

第一次高峰多数是由寒夜里的天然气取暖所致，而第二次增长则是因为上班族们被堵在了路上。然而令人惊讶的是，有时大约会有一半的二氧化碳来自人类与机器之外。温暖的夏夜里，主城区中的树木、草坪、花园，甚至半裸露的土壤，都会因为微生物的降解与植物呼吸释放出大量 CO_2。而当太阳再次升起，植物开始进行光合作用后，穹顶中的 CO_2 浓度也会随之下降，就像全球大气成分随着季节变换而变化一样。

一家名为 $SLCO_2$ 的网站会登出犹他大学的数据，显示盐湖城上方的 CO_2 浓度通常是在工作日更高，这应该是因为工作日行驶的车辆更多。二氧化碳浓度在白天会上升，而这段时间人们与机械的活动也更为频繁，从大量监测站所获取的周数据看上去都像海浪一般。最高浓度出现在人们打开家中壁炉的时候，而冬天的寒冷会使穹顶无法过度膨胀，这样排放物就会被限制在更小的范围内。

或许你已经猜到，在人口最为密集的地方，二氧化碳的浓度也会异常高。最近，波士顿大学的科学家发现在他们的城市里，CO_2 的浓度通常会比郊区的哈佛森林（平均 393ppm 左右）高出 20ppm 以上，而森林不过位于城市西侧，仅需一个半小时车程而已。熙熙攘攘的科托努是中非国家贝宁的一座城市，研究发现这里的 CO_2 浓度超过世界平均水平 2 倍，这要归因于当地的交通、家庭与工业排放。科学家们在监测印第安纳波利斯的空气时，发现当地近期的 CO_2 浓度突然上升，他们非常惊讶，直到后来才想起，当时正逢印第安纳波利斯 500 英里大奖赛召开。不过这种突增并非由赛车所致，而是来自数以十万计的观众前往小镇观赛时所开的车。

在这样的穹顶下，居住着全美 3/4 的人口，那么一切是怎么与我们的生活息息相关的？大城市空气中的有毒污染物威胁人体健康，这已广为人知，但此处要关注的并非这一点。故事主角是巨大穹顶中的碳原子，而不是可能由它们产生的肮脏化合物。在这些化合物中，无色无味的二氧化碳最为常见，而它在城市穹顶中的浓度尚不足以从生理上危害到任何人。

事实上，科托努 CO_2 穹顶中双倍于一般地区的碳，似乎也确实促进了当地植物的繁荣。根据前述研究，城市中污染最严重的地区，草会以废气作为生长原料。在科托努嗅一嗅花朵的芬芳，香郁的气味分子中有 1/5 的碳原子就来自不远处的轿车、卡车和烟囱。

尽管植物会在富含二氧化碳的大城市中感到陶醉，但我们可不喜欢这样。当我们吸入二氧化碳时，我们仅仅是原封不动地把它们又呼了出来，还加了我们自己产生的那部分。不过这并非说城市中的碳完全不会影响我们，事实与此相去甚远。

大城市 CO_2 穹顶中的大部分碳都来自空气以外，在南太平洋的岛屿和北极苔原上，你也可以发现同样的物质。大气中大部分二氧化碳，依次来自生物圈、火山喷发与海洋逸散。但是在城市 CO_2 穹顶中，大约有 1/4 来自化石燃料。

这也就是戴安娜·帕塔基这些科学家的工作如此重要的原因之一。说起温室气体的排放，城市区域已然是我们与大气之间的主要纽带。自从工业革命以来，全世界的二氧化碳浓度一直在上升，并且到 21 世纪末，将会达到工业革命以前的 2 倍。尽管仍然有人否认人类是这一次上升的幕后推手，但数据却说明了一切。

是的，森林中发生的火灾及降解过程都会向空气中释放 CO_2，但在 20 世纪，这些原因所贡献的比例很小。此外，同位素分析表明，增长的那部分主要来自化石燃料而非生物性碳。

是的，相比过去而言，增长的大量人口也向大气中呼出更多的 CO_2，但在城市 CO_2 穹顶中，这也只是很小的一部分，通常占 1% 左右，对整个星球而言更是微不足道。

是的，火山会喷出二氧化碳，但即便很活跃的火山，比如菲律宾的皮纳图博火山或华盛顿州的圣海伦斯火山，也只是在一段时间里影响局部地区。然而另一方面，我们的影响却是全球性的，并且无休无止。在地球科学时事通讯《EOS》上刊登的一篇文章中，火山学家特伦斯·格拉赫（Terrance Gerlach）用质朴的术语说明，火山排放出的 CO_2 不足人类排放的百分之一。根据他的计算，我们排放 3 天，就相当于全世界的火山排放 1 年。根据格拉赫的数据，我们目前每年大约排放 350 亿吨二氧化碳，相当于 700 次皮纳图博火山喷发，而像圣海伦斯火山在 1980 年那样的爆发，需要至少每天 9 次才能赶上我们的排放量。

就像格拉赫指出的，将我们自己和地球上最强大的几种力量对比，"是揭示人类碳足迹规模的生动视角"。而另一方面，通过煤炭、天然气和石油向空气中无休无止排放的碳，正在将我们的整个大气层改造成一个巨大的 CO_2 穹顶。

令人震撼的二氧化碳浓度地图

我们排放的碳，巨大的数字虽令人印象深刻，但给人的感觉还是很抽象，在地图上精确观察大多数碳排放发生的位置，则会更加令人震撼。

基于卫星监测到的数据，美国国家海洋与大气治理署的一个网站"碳迹追踪者 2011"（CarbonTracker CT 2011_oi）用彩色地图展示了全球的二氧化碳浓度。点开其中一个链接，你可以看到美国中部地区在夏天会变为蓝色，因为粮食作物和森林从大气中吸收了碳，到了冬天又会变为红色，因为土壤中微生物的降解释放了碳。点开其他链接，你也可以看到，随着季节变换，植被的作用促使南北半球在蓝色与红色间交替变化。图像展现了很多细节，你可以观察到局部二氧化碳形成的旋涡与混沌，就像咖啡中的奶油一样。

要想观察复杂的人类社会如何对头顶上的空气造成影响，我们可以查阅美国能源信息管理局最近几十年的全美二氧化碳排放图。在 2009 年美国经济陷入混乱以前，碳排放每年都在增长。数百万资产缩水的人们缩减了旅行及消费开支，他们排放的碳也减少了。经济学家与政治家可以很好地根据这张图评判国家运行是否健康，就像医生监测患者的呼吸一样。大衰退期间碳排放的减少，就好比经济出现问题后的浅呼吸。在写这本书的时候，美国 CO_2 曲线又爬升到了之前的水平，因为经济正在缓慢复苏。

根据上述这些观点，局部与全球之间会无缝对接。就像基林和其他一些科学家展示的那样，低层大气会在一年左右完全混合，所以全世界的监测站都会观测到 CO_2 的类似增长。地球上的生物给这条上升的曲线增添了些许波动，这是因为生物圈大量光合作用与呼吸引起的季节脉动，夏天吸收而冬天排放。但是不管怎样，全球二氧化碳的总量还是在持续上升，主要归功于北半球的部分地区。

二氧化碳信息分析中心公开的地图上，用鲜明的颜色标出了热点地区。从上面可以看出，美国东部、欧洲北部、印度及中国就像看不到火焰的火坑。在这些热点地区，是世界上规模最大的城市工业 CO_2 穹顶，作为主力向大气中排放着化石碳。因为这些碳源集中在北半球中纬度地区，北半球的空气监测站现在测得的数据会略高于南半球。在化石能源时代以前，相对多地少海的北半球而言，海洋的上升洋流会造成南半球的二氧化碳浓度有所富集。如今这种不平衡已经发生了逆转，仅仅是因为北半球拥有更多城市。

你可能已经知道，二氧化碳会使大气变暖。或许你还知道，因为碳原子与氧原子的排列方式，CO_2 分子与红外线的频率之间存在共振，从而使得这种气体具有超强的热量获取能力。这些信息很容易就能查到，所以如果你想温习什么是温室效应以及 CO_2 持续增长如何影响着全世界，海量信息在等着你。

全球变暖的糟糕影响或许已经令你沮丧至极，甚至想跳到城市 CO_2 穹顶以外，不过我们在这里更关注的还是背后的原子关联。了解这些关联，我们也就可以更深入地理解我们对地球的影响 —— 也是对我们自己和后代的影响 —— 而且还会揭示一些令人振奋的事情。就碳元素而言，从原子的角度可以展示出，无论是正面的还是负面的，我们与地球的关系到底是何等密切。

化石燃料是我们深埋在地下的亲戚

当我们谈论诸如煤炭、石油与天然气这些化石燃料时，我们真正谈论的其实是化石。

比方说，当你抓住一块煤炭时，你在手中握住的这些碳原子，也许是死去很久的树木、草和苔藓，或是原始沼泽或湿地森林中有机质浓缩而成的精华。这也就是煤炭可以燃烧的根本原因 —— 在原子层面上，它很像是纯化的木柴。经过漫长地质年代的分解，深埋于高温高压的地下，重构之后的植物残存组织只留下环状紧扣的碳原子和一些生命元素，两者比例为 9∶1。碳原子采用蜂窝形式紧密堆积，曾经棕色或绿色的纤维组织也逐渐变成深黑色的石块。有的时候，原始植物会形成一块幽灵般的平板，保存完好，其中的细节还能让专家鉴定它们的品种。

相比之下，石油是液态的，其中流淌的是一些富含碳原子的分子链。对石油而言，主要的碳源是海洋浮游生物。陆地上的植物可以用糖或淀粉储能，但这两者会在遇水时发生溶解或膨胀，因此藻类将它们的碳原子构建成不亲水的油滴，相当于人类体内的脂肪。

当它们死亡之后，细胞会沉积到海床上，在那里，它们被反复挤压熬煮，最终纯化成为可燃的液体。

三大化石燃料的最后一种是天然气，它的迁移能力最强。甲烷分子，是单个碳原子结合了 4 个氢原子，而丙烷是一条短短的碳链，上面也布满了氢原子。新近被掩埋的植物及浮游生物会滋生细菌并产生天然气，直到不断增加的温度和压力将它们一并杀死，而留下的天然气则会藏匿在煤炭的缝隙里或油田内部。

介绍上述这些细节，所要表达的重点就是，从原子层面看，化石燃料其实和我们一样，都是生物圈的杰作，主要区别不过是它们的碳原子已经在层层厚重的岩石下被隔绝了数百万年之久。对我们而言，化石能源的碳原子就像是失联很久的亲戚，我们从未听到过有关它们的消息 ——直到现在。

据推测，深埋地下的化石性碳含量大约是目前碳循环过程中碳的 2 倍，也就是说，在漫长的岁月里，一座巨大的有机物仓库在地下矿床上被建立了起来。现在请你想象一下，如果它们像拉撒路（圣经人物，经耶稣救赎，被埋葬后死而复生。——译注）一样从坟墓中复活，重新转变为生命会怎么样？当然，你并不需要把这个过程限制在想象的世界里，因为你可以真实地看到、听到、尝到、嗅到或感受到这一切，因为这一切正在你身边甚至你的体内发生着。

很多人都会同意诺曼·梅勒（Norman Mailer，美国著名作家）的观点，他曾在作品中这样描写石油产品："我们把自己从土壤、岩石、树林和矿石中的成分中剥离出来；我们寄希望于在大桶里煮出来的新材料，也就是尿液漫长转化之后的复杂衍生品，我们称之为塑料。它们已没有生命的气息……它们的触感与本性格格不入。"用原子的观点审视现代世界却会更为微妙，土地、海洋和空气中的元素依旧渗透到了我们的生活之中，即便是在城市中那些看起来最不自然的一面，也比你的想象更有野性。

为了说明这一点，我们不妨去拜访一下麦当劳。

无论对它是爱是恨，麦当劳的金色拱门标志都已遍布世界各地，接待着数以十亿计的顾客，以至于麦当劳品牌已经成为西方文化的象征，而这一切皆源于 20 世纪 40 年代位于加州圣贝纳迪诺的一家独立烧烤餐厅。这也是我们探访碳原子的主要地点。

在这个思维实验中，你将车子开到停车场并熄火。你的汽车引擎此刻已不再燃烧我们称之为汽油的海藻碳；随后你便下车，站到了黑色的硬质路面上 —— 沥青是一种黏稠的液体，其中的碳链和碳环是喜光的海洋浮游生物在几百万年前编织而成的，为了使其稳定，人们在其中掺杂了一些鹅卵石。

接着你走向柜台开始排队，基于石油的树脂地板因为表面的浮游生物蜡而熠熠生辉。地面很滑，你的脚不由自主地使劲，鞋子中那些由海藻碳构成的聚合物因为压力而吱吱作响。你面前的墙上挂着五颜六色的面板，透过一层透明膜可以看到里面的菜单 —— 这层膜也是有机物，其中的碳原子是由原始浮游生物从海洋与空气中攫获的。餐厅内灯火通明，而这是因为电厂正在用古生代森林的碳作为能源发电。

"小薯条，一杯可乐，谢谢。"

薯条在碳基食用油中嘶嘶地冒着气泡。这些食用油一般由玉米、花生或大豆加工而成，货车燃烧着精炼的古海藻（汽油）将它们运输到此，随后的烹饪则是在阿巴拉契亚山脉远古森林（煤炭）提供的能量下完成的。当它们被递送到你的手里时，外面包着一层由木浆纤维（纸）制成的袋子，似乎还有点起皱；而要想更好地享受美味，你还需要蘸一些富含碳元素的西红柿果酱（番茄酱）。你手中的可乐正在沙沙作响，它是由微生物排放的废气（天然气）与水蒸气反应而来的，这种软饮中的甜味则是来自一种热带草本植物的茎（甘蔗）。

然后你用什么付账呢？还能是什么！是由阿拉伯沙漠中发掘出的海藻碳（石油）制成的一种弹性薄卡片，然后你就该继续上路了。

现代社会能否从自然中孤立出来？非常难。之所以觉得孤立只不过是一种错觉，认为稳定存在的原子会快速消失。即使在地球上最人工化的一些地区，碳原子也将你和现代以及远古的很多有机体联系起来。从这个意义上讲，塑料和它的近亲们并不比羊毛（由绵羊将牧草的分子转化而来）或木头（由树木将空气和水转化而来）更不天然。

从严格的原子角度来看，喧闹的城市同偏僻的热带小岛倒有许多相同之处。车辆与建筑的窗玻璃是熔融过的沙子薄片；墙面、地基和步道是粉碎的石灰质矿物质，从远古时代的海床挖掘而来。根据这些，你的思维还可以更天马行空一些，将摩天大楼看作是转世而来的珊瑚礁，那些店面就好比滤食性的珊瑚虫，而熙熙攘攘的人流就是它们获取养分的"浮游生物"。所有这些人工建筑都是由回收的材料构成的，我们出于自身的目的对它们重新加工，跟微生物、植物还有动物几百万年以来一直做的事情一样。

这当然并不是传统的思维方式，而且也很容易被误解，因此有必要做一个简单的澄清。从原子的角度来揭穿人类社会孤立于自然的假象，并不是为了给我们特权，让整个世界都变成我们的游乐场。根本不是这样！相反，这是在提醒我们，跟其他任何物种一样，我们不会在自然法则中获得豁免权，如果我们忽视了这一切，就会身处危险之境。

随着越来越多的化石碳重新回到了大气循环之中，你与食物之间的元素关联还可以追溯到更遥远的过去。不妨拿起你的番茄酱——如果这些西红柿是在加州中央山谷农场生长的，那么其中的很多碳都来自洛杉矶与旧金山的城市 CO_2 穹顶。目前，加州的汽油大约一半是自给自足，剩余部分主要来自阿拉斯加。所以，每一滴番茄酱中都携带着来自远古藻类的碳原子，它们曾经生活在太平洋或北冰洋中，又在地下沉睡了百万年或更久。你吃掉它后，这些碳原子会在你的体内待上一阵子，然后又会逃逸到海洋或大气中，在那里，它们曾经漫游过很多次。

利用稳定同位素，科学家最近开发了一种方法，可以通过连锁快餐店的菜单对你和地球之间的原子联系进行追踪，有时甚至可以使用标志性的巨无霸汉堡作为这个星球上古老生态食物链的新代表。在文化与饮食日益趋同的前提下，他们的发现与我们大多数人的期望相违。

在开始探索汉堡里的碳原子如何将你的身体与世界相连之前，先想象一下，你现在穿越到遥远的 7000 万年前，来到如今属于南卡罗来纳海滨的地方。在这里温暖而清浅的海水之下，你准备探寻一种具有十只触手的生物，它的碳原子对于揭开你自己的原子秘密来说具有重要意义。

用碳-13 追踪你与世界之间的联系

箭石很像是一种小型乌贼，或者说"曾经"是（箭石是一种生活在泥盆纪至白垩纪的软体动物，鞘容易保存为化石）。不过如今当你把箭石化石放到掌心，它看上去却更像是一颗大号子弹。箭石已经灭绝了数千万年，与恐龙一同在中生代末期消失，它们尸体的大部分都是含碳的小圆柱形方解石或霰石，这也让它们的尸体发生硬化。当箭石外层的石灰石被切开后，它们的流线型外形会更加清晰，内骨骼看起来也很优美，而你或许已经在墙上或是书架上见过它们了。不过你的碳原子与一个箭石群落之间还存在着特殊联系，因为它们的化石被作为同位素标准品，科学家可借此测算饮食与污染对人类及生态系统的影响。

几十年来，科学家们从南卡罗来纳皮迪河（Pee Dee）的海相沉积物中挖掘箭石，研磨并清洗之后，发现这些石灰石中，较重的碳-13 同位素与普通的碳-12 原子含量比为 1.11%。这个值被用来作为国际碳同位素标准（PDB）。但地质化学家使用了太多的皮迪箭石，以致如今箭石已经耗尽，因此在 1994 年一个新的标准被启用，即 VPDB 标准（Vienna Pee Dee Belemnite，维也纳-皮迪箭石），以此作为同位素基准，用于测量所有含碳对象，其中也包括人类。

如果取一根头发送往同位素实验室进行分析，你会发现，相比工业革命前的估测数据，如今的碳-13 的含量更低，而这一差异也印证了我们给文明社会提供能源的方式。就像今天的植物与浮游生物一样，煤炭、石油和天然气的那部分由光合作用而来的碳，其中的碳-13 含量比水与空气中的含量低；同时，通过改变大气与海洋之间的平衡，燃烧化石能源排放的气体正在降低地球上所有生物的碳-13 含量。体内带有碳污染物的想法不仅仅只是一个理论抽象——通过将你失衡的同位素比例与中生代"乌贼"进行对比，你可以证明这一点。

化学家们用重轻同位素比来表示你头发中的碳-13 含量，并标记为"$\delta^{13}C$"，其发音是"德耳塔碳-13"，接着根据箭石标准对这个数值进行修正，负值表示碳-13 的含量比皮迪箭石要低。你可能会发现你的 $\delta^{13}C$ 在 -1.5% ~ -2.5% 变化，更精确的数值还取决于你所在的位置以及所吃的食物。而这，不管你信不信，这又将我们带回到了麦当劳。

生态学家路易斯·马蒂内利（Luiz Martinelli）及其团队在 2011 年的《食品化学》杂志上发表文章，对快餐导致现代西方饮食严重同质化的观点提出质疑。为了证明这一点，他测试了全球各类常见食物的同位素比例，并通过汉堡重建了人类与其原子最初来源之间的原子联系。

他在文中写道："消费者可以在大约 120 个国家超过 32 000 个门店购买到同样的巨无霸，这在人类历史上还是第一次出现。"这一局面通常被作为饮食全球化的论据，但马蒂内利的团队指出，巨无霸的配方在全世界范围内一致，但真正的组成部分反映的仍然是食品原料产地本土的同位素环境。他们将这种全球与本土的混合特征称为"全球本土化"。

为了更好地理解全球本土化，最好先回忆一下食物中的原子从何而来。巨无霸中的碎牛肉当然来自大批量的牛，也许是国内养殖的，也许是进口的。举例说明，纽约或芝加哥的麦当劳，牛肉很可能来自美国本土，但阿姆斯特丹的大多数牛肉则由其他国家生产。也就是说，无论身在何处，你点的都是"双层牛肉饼"，但牛肉本身却不像配方那样全球统一。

牛的同位素比例取决于它所吃的植物，而不同植物中不同的碳痕迹又取决于植物的品种以及它们生长的环境。例如，玉米和甘蔗，$\delta^{13}C$ 的数值（-1% ~ -1.5%）就比小麦和大豆（-2% ~ -3.5%）要高，其中既有基因的因素，也与植物生长环境有关，生长在相对温暖而干燥的地区，例如大平原地区或墨西哥湾沿岸，植物都会倾向拥有更高的数值。

在马蒂内利与他的团队测试了 26 个国家的牛肉饼 $\delta^{13}C$ 数值后，他们也发现了这些牛肉原子受控于产地的明确依据。巴西与美国麦当劳的牛肉相比苏格兰及奥地利来说，数值明显高出不少。这在很大程度上是因为巴西的牛是在热带草原放养，美国的牛则是以玉米作为饲料，这两类植物的碳-13 含量都比苏格兰与奥地利用作饲料的干草或大豆更高。日本汉堡的同类数值与巴西接近，这似乎并没有预料中那么低，因为日本的气候相对更为潮湿温和。不过日本也大量从澳大利亚进口牛肉，那边的气候则更为炎热干燥。尽管在全世界，巨无霸无论看上去还是吃起来都差不多，但它所含的碳原子则显示，它还是远比看起来更为本土化，或者说全球本土化。

不必惊讶的是，饮食、地理位置以及生物之间的原子关系也会延伸到你身上。

在马蒂内利的成果基础上，犹他州与印第安纳州的一组科学家继续深入调查了全球食品对欧美居民的影响。他们走访了 14 个国家，从理发店的地板上以及志愿者的头上收集了碎发。随后发现，无论快餐与超市连锁店如何普及，他们身上的同位素信息仍旧抹不去故乡的痕迹。他们在 2012 年的《公共科学图书馆期刊》发表了一篇论文，指出喜欢快餐的美国人头发中碳-13 的含量比欧洲人多，一部分原因就是美国饲养的牛多数以玉米为食。相比芬兰人与瑞士人，葡萄牙人 $\delta^{13}C$ 的数值也更高些，很可能是因为他们的食谱中有更多的海鲜，他们消费的蔬菜与谷物也生长于干燥温暖的地中海气候中。

作者最后总结，他们的数据"在样本国家采集到了饮食在地理上的结构性差异"，虽然表面上看起来它们是一致的。尽管我们大多数人都不再利用身边的动植物原子来构建并维持身体，但是通过这些有机物，食物链的同位素标记仍然将我们与特定地区联系在了一起。

人类饮食在原子层面的变化如今已超越了物种界限，影响到我们身边的动物。2010 年，《哺乳动物学报》上刊登了一项发现，怀俄明大学和其他一些机构的科学家们介绍道，濒临灭绝且罕见的沙狐经常出没于加州贝克斯菲尔德市的巷道与后院中，在它们体内也观察到了同位素变化。

直到近期，野生动物学家们仍然高度依赖对狐狸粪便中可见物进行识别的方法来确认这种动物曾吃过什么。例如在加州圣华金河谷的偏僻区域，通过粪便中的残骸，野生动物学家可以辨识出其食物中有啮齿类、鸟类和昆虫，然而在都市找到的沙狐粪便中，除了少量塑料包装物，基本找不出可以识别的食物。加州人丢弃的深加工软质食品在沙狐的肠胃中通过，并没有留下太多痕迹，但碳同位素却记载了它们的食物从野生食物到超市食品的转变。如今，贝克斯菲尔德的沙狐比起它们的乡下亲戚来说，粪便中携带了更多的碳 -13 同位素（$\delta^{13}C$ 数值更高）。

当贝克斯菲尔德的沙狐搬到了城里，它们不仅扩大了日益缩小的濒危领地——它们也因为共享同样的全球本土化饮食，拥有与当地人类似的同位素比例。圣华金河谷的植物 $\delta^{13}C$ 数值通常较低，小型的猎物也是如此，它们的碳原子便循环到了野生狐狸的体内。但贝克斯菲尔德的都市食物链与遥远的玉米产地挂钩，$\delta^{13}C$ 数值较高，这种区别如今也在都市狐狸浓密的尾毛和抽动的胡须中得以显现。

幸运的是，大多数对野生动物被人类"垃圾食物"喂养的担忧在这个案例中并不存在。相比它们的乡下亲戚来说，贝克斯菲尔德的狐狸繁殖力更强，平均存活率也更高，尽管它们面临机动车与鼠药的威胁。然而，人类与狐狸体内碳同位素平衡的另一种变化趋势就令人不悦了，并且这确实是全球性问题。

全世界的 $\delta^{13}C$ 数值自从化石燃料开始被使用后都在持续下降。这种迹象随处可见，比如树木的年轮、湖底的层层沉积物或珊瑚形成的精致带状石灰石，当然还有你自己的身体。如果你能测试自己幼年时期头发中的碳 -13 含量，你一定会发现比现在的数值要高——前提当然是你现在还有头发，饮食结构也没有发生巨变。

二氧化碳如果携带较重的碳 -13 同位素，在进入植物及浮游生物的细胞时会更为困难，因此远古森林及海洋的沉积物，其碳 -13 的浓度都比当时大气中的低。当我们燃烧这些化石沉积物时，就如同我们向今天的大气中倾泻了一场轻碳的洪水，最终这种对大气碳池的稀释又会通过供养我们的食物网络发挥它的作用。

与此同时，其他一些元素也随着煤炭的燃烧被释放出来。2012年，密歇根大学的研究者采用特定同位素比率测定法，将有毒的汞原子来源定位到了佛罗里达州水晶河边的火电站。一名研究员在接受密歇根大学新闻社的采访时说道："本项研究首次采用汞同位素比率，调查因煤炭燃烧导致的近源汞沉积物。"第一作者劳拉·谢尔曼（Laura Sherman）说道："这项研究让我们可以直接标记和定位那座火电站排放的汞，它们被排放到本地的湖泊中，并可能对其中的鱼类以及吃这些鱼的人们造成潜在威胁。"

有一点毋庸置疑：我们体内的碳原子证实，我们对全球碳循环的影响甚于火山。通过测定夏威夷莫纳罗亚火山排放的二氧化碳 $\delta^{13}C$ 数值发现，20 世纪 70 年代时其平均值大约是 -0.75%，直到本书撰写期间已降至大约 -0.83% 了——延续着工业革命以来的趋势。$\delta^{13}C$ 数值的每一次下降，都意味着大气中二氧化碳含量的上升。全球性的同位素变化趋势只是警告之一，它告诉我们在现代社会中，我们仍然通过原子链与地球紧密相连，跟我们的祖先并无差异。在这种不可避免的约束之下，让生活既美好又可持续，将是对我们的一大挑战。

第五章　地球之泪——钠

> 人就是一个水盐体系的介质，里面只有可怜的一点水，大部分都是盐水。
>
> ——约翰·Z.杨
>
> （John Z. Young，英国神经生理学家）

> 任何事情的良药都是盐水：汗水、泪水或海水。
>
> ——凯伦·布里克森
>
> （Karen Blixen，丹麦女作家，《走出非洲》作者）

汉斯·本齐格（Hans Bänziger）是位昆虫学家，或者至少说是位昆虫爱好者。他非常幸运，因为能够在东南亚的热带雨林里做他热爱的事情，并有所成就。然而本齐格博士不仅仅是幸运，他在同行中还小有名气，因为他曾在科研的使命之外，自己充当过一回诱饵。

1992年，他发表了一篇意义重大的论文：《值得关注的新案例——泰国以泪为食的蛾子》。看到这个干巴巴的标题，一般读者并不会意识到他接下来会读到什么。开篇第一句仅仅是陈述："已有10起食泪蛾在人类眼睛上驻留的案例被目击。"不过当汉斯·本齐格告诉你这种现象被看见时，他的意思是指在近得不能再近的距离观察——也就是在眼皮子底下，可真是名副其实的"目击"。

很多昆虫落到其他大型生物或东西上时，都是为了舔食盐水。最近在纽约布鲁克林发现的一种汗蜂，夏天经常会落在泛着油光的

109

胳膊、大腿或面颊上，给居民造成困扰。色彩斑斓的蝴蝶像花瓣一样围在路边泥泞水坑的边缘，吸食盐分和其他物质。至于眼睛？尽管泪水也是盐水，但我们中大多数人都会觉得眼睛显然没有给昆虫留下驻足的空间。

但事实并非如此，当然这也要感谢这位敬业的昆虫学家。

自从 1989 年 11 月起进入这片森林后，本齐格就注意到在森林中的空地上，蛾子会在牛群附近盘旋。当时太阳刚刚下山，半轮弦月悬在空中。一只蛾子冲他飞来，落在了他的手腕上，开始用那细长的口器舔他的皮肤。过了几分钟，蛾子又来到他裸露的腿上，继续吸食着皮肤表面那薄薄的一层汗水。后来它干脆飞到本齐格的脸颊上，并移动到下眼皮的位置。"我此刻的感觉就像……一粒异常锐利的沙子正在我的眼球与眼皮之间摩擦。"

在这种情况下，大多数人都会一巴掌扇走这位不速之客。然而，本齐格却将他的相机镜头对准自己的脸，按下了快门，拍下了下面这张照片。

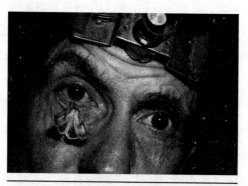

●汉斯·本齐格在泰国遭遇一只以泪为食的蛾子。令人称奇的是，照片由汉斯·本齐格本人拍摄

这种刺痛显然是因为蛾子的细爪正在抓挠着他的眼皮内侧——后来研究者认为，蛾子正是通过这样的方式刺激更多的泪水分泌。

有些种类的蛾子，其丝状的口器边缘很粗糙并能引起足够的刺激，但这种蛾子的口器结构精致，仅仅会让人感觉似乎有什么东西在光滑的眼球曲面上扫来扫去。

"不过很不幸，"这句话看起来不太像是反语，"闪光灯还是吓跑了蛾子……"

之后过了将近一年，本齐格再次在晚间来到森林里工作。突然，他注意到一个黑影从他面前掠过，并且感觉嘴唇上有什么东西滑过，"仿佛是一根精巧的吸管"。这只蛾子随后探访了他的鼻孔，"简直是奇痒难忍"；紧接着蛾子又继续向上爬，轻轻地从他眼睛里吸食水分。

这种蛾子的到访很有绅士风度，本齐格用"异常温柔"形容了这种感觉，不过他也承认不该只是如此轻描淡写，并记录道："全世界最大的饮泪生物之一，盘旋在我的面前，直接把 4 厘米长的口器戳在眼睛里，多少有一点点难受。"他用一张捕虫网扣在头上，试图捕获这只蛾子时，这次邂逅却意外地终止了。

在某个偏僻山村附近的一处牧场，一天夜里月如银盘，他遭遇了更为难受的经历。一只蛾子越过几匹骡子和马，"突然改变方向朝我飞来"。这只蛾子尾随了他足有 100 米，并最终落在他的左眼开始畅饮。"我闭上眼睛使劲儿挤，但它就是没有离开的意思。"当晚的另一位不速之客则更具侵略性。"眼皮被挠得生疼。"他这般写道。两分钟之后，即便是本齐格也已到了极限："当晚，在第二次纵容了这些以泪为生的家伙之后，我忍无可忍，抓获了一只施虐者。"

钠为何对动物有神奇的吸引力

把自己想象成昆虫眼中的移动泥塘当然让人不太痛快，但你的眼睛与泥塘确实在某些方面非常相像：两者都含有水分，并且都富含对生物有用的原子，而这些原子都源于地壳中的岩石。你的眼睛从很多方面来说都很像矿泉或吸引着野生动物前去舔舐的盐沼地，而你也和其他很多动物一样，都能尝到盐的味道。

人类有五种基本味觉——酸、甜、苦、辛、咸，而咸是唯一专门针对一种单一矿物质元素的味觉。甜、苦、辛三种味觉都是由相对复杂的有机物引起的，酸味则来自含氢离子的酸性物质，只有咸味源于单一的元素——钠，一种来自岩石与土壤的元素。钠原子核中有11个质子和12个中子，在食盐中，它占到了原子数目的一半。钠元素让你的汗水和血液变得有味道，并协助你的所思所行，让你能够认知这个世界。如果你的体液中没有足够的钠，那么大多数细胞都会膨胀而死；反之，如果钠的含量太高，细胞则会干瘪，变成微型话梅干。它致使地球上98%的水都不能饮用，但这也因此让它有助于限定在这个被海水覆盖的星球上，哪些物种应该生活在哪些地方。

也许你早就听说过，相比我们的祖先，多数现代人都摄入了太多钠元素，但这个观点半对半错。一些历史学家指出，为了保存食物而大量用盐的习惯可以追溯到数千年以前。早在4000年前，矿盐开采在中国就已经非常普遍了，而罗马士兵的军饷曾经有段时间就是盐，这也是"薪水"一词的起源（薪水的英语为salary，盐的英语是salt，两者同源。——译注）。不管怎么说，为了满足我们对盐的需求，数以亿计的钱被花在了食品开发与贸易上；与此同时，医学专家却在警告，高钠食品与高血压、心脏病及其他并发症之间都有着很大关系。然而，因此就摄入太少的钠也不是正确的选择，对你的健康而言，其中缘由既有趣而又重要。

从技术上来讲，盐里面只有一半的原子是钠。正常情况下，像钠离子这样的阳离子总是要和一些阴离子如影随形，对食盐和你的泪水来说，阴离子主要是氯离子，也就是氯元素的离子形式，它作为家用漂白剂的活性成分为我们所熟知。尽管其他离子在你身体中也扮演着重要角色，但基于几个理由，钠离子还是可以堪称明星离子。首先，你可以尝出它的味道。如今，随着工艺的提升，食盐供应对食品行业来说已是取之不尽；但在此之前，钠甚至比钾更难在食物中获得，后者也是一种对人体很重要的离子。蔬菜中含有大量的钾，因为植物通过它维持细胞中的水分平衡，并操控叶片中气孔的开闭。相对而言，钠在大多数植物中都不常见，因为植物不能像我们一般使用这种元素。比如苹果中钾的含量是钠的 100 倍，而在杧果或油桃中，这个比例还要加倍。

正是由于植物中缺乏钠元素，很多动物都需要从植物以外的地方寻找钠源，通常是借助对钠敏感的味觉细胞。无论你的盐分来自调味瓶还是半熟的牛排，这在全世界的食物链网络中都是相对比较少见的。对多数食草动物而言，其食谱中并没有这样多钠的食物；既然植物王国不能供应足够的钠，它们就只好转向地质性来源了。

盐沼地之所以能够吸引野生动物，存在很多可能的缘由；但令人吃惊的是，几乎没有关于这方面的确切研究。很多年以来，科学家们只是简单猜测，野生动物在泥泞中舔食，只是为了获取钠元素，并没有去分析泥土本身。但最新的研究显示，所谓的盐沼地其实含盐量出奇地低，野生动物或许偶尔也会另有所图。

比如南美鹦鹉，现代研究认为它们之所以吞食河岸边的黏土，其实只是为了解毒，因为它们食用的种子含有毒素。比起那些以昆虫为食的蝙蝠，尽管亚马孙果蝠的食物中钠含量更丰富，但它们造访黏土沉积物的频次却更高，其实也是为了提升消化功能。而近来对坦桑尼亚恩戈罗恩戈罗火山口的研究则表明，对野生动物来说，盐是寻找其他稀有元素的关键线索，比如钴和硒，它们没有味道，却也是很重要的营养物质。

不少人也会有食土癖，主要也不是为了钠而是其他一些原因。

评论家贝丝·安·芬内尔（Beth Ann Fennelly）曾经整理了一篇引人入胜的综述，这篇文章告诉我们吃黏土的人远比想象中多。尽管很少有人愿意承认以土为食，故而可靠的数据难以获得，但在南美洲的农村地区，研究发现有一半的妇女会在怀孕期间食用黏土，而在非洲一些地区这一比例达到九成。多数案例都伴随着怀孕现象，但不少男性也会如此，可见这是营养与消化的双重需求。

在安第斯山脉地区，当地人经常会将土豆浸入黏土泥浆中，就跟蘸肉汤一样，而在秘鲁，泥土也会在市场上随着土豆一同销售。这样做的目的大概是防止土豆中的植物毒素给身体造成伤害，毕竟它是和致命的颠茄属于同一家族的植物。黏土也可以成为抵御饥荒的食物，但很不幸，它也会引起肠道阻塞，并带来寄生虫。其他一些研究则发现，一些人群食用泥土纯粹是因为喜欢。

芬内尔介绍了最近在旧金山一家画廊举办的泥土品尝大会，盛况堪比高端的品酒宴。泥土被盛放在酒杯中并用水泡开，释放出浓郁的芳香，供参会者品鉴。根据芬内尔提供的资料，白色奶油状的高岭土"就像混有花生味道的雨水，在嘴里像巧克力般融化"。密西西比州有一家人经常会"油炸高岭土并趁热享用"，而作者将她自己食用佐治亚州高岭土的感受比作是在咬一块复活节巧克力兔。高岭土果胶（Kaopetate）有缓解腹泻的作用，它正是因其中含有的高岭土才得名，如果在此之前你也曾服用过它来助消化，那么，你其实也是食土一族。

然而严格来说，上述大多数案例并不能归类为食土行为。当你吃下黏土时，你并不会像吃下食盐那样，将它的原子用于构建或维持你自己的身体。黏土不能被消化，它们是由玻璃质矿物形成的鳞片，在你消化系统中扮演的角色就是短暂停留的海绵质。研究者在一些植物组织内发现，不受欢迎的分子倾向于吸附在黏土的鳞片表面，这会降低它们的危害，也更容易被排出。

另一方面，食盐中的原子很快就会成为你身体中的重要组成部分，而蝴蝶与蛾子的舔食习性很明确都是为了获取钠元素。事实上，这个过程的细节已经被准确揭示，因此我们现在可以大胆推测，汉斯·本齐格"捐"给泰国那些食泪蛾的钠离子将会遭遇什么。如果相关研究是可靠的，那么本齐格泪水中的钠离子便是送给蛾子"新娘"的新婚礼物。

尽管纽约州的蛾子对泪水似乎没有兴趣，但大多数还是会在晚上围到泥塘边共饮，就跟蝴蝶在白天所做的事一样，而康奈尔大学的科学家斯科特·斯梅德利（Scott Smedley）与托马斯·艾斯纳（Thomas Eisner）在一项研究中证明，至少有一些蛾子利用这种方法获取了大量钠离子。斯梅德利与艾斯纳发现，大多数聚集到泥塘边的北方咕噜舟蛾（*Gluphisia Septentrionis*）——一种长相非常平庸的蛾子，通常呈灰色、棕色或奶白色——都是雄蛾，它们常会在当地的污泥"酒吧"里和其他雄蛾一起畅饮几个小时。一只咕噜舟蛾坐到"吧台"后，可以持续吸取相当于自身体重 500 倍的"矿物质水"，然后将过滤后的水从屁股喷射出去，距离能超过 1英尺（30 厘米）。

虽然这么说有些奇怪，但如果你也想要达成同样的"成就"，那么你就需要喷射出 9000 加仑（3.4 万升）自己产生的废液，在你的身后划出优美的弧线，落到 200 英尺（60 米）以外，而此时你体内的钠含量也几乎翻倍。其实跟你一样，蛾子一般也用不着这么多钠——除非它们打算分享，而这正是咕噜舟蛾准备做的事。

在康奈尔大学的研究中，一对对雌蛾与雄蛾被放入条件受控的箱子中。在完成"约会"之后，雄性伴侣刚刚光顾过泥塘的那些雌蛾，体内的钠含量远远高于那些配偶不曾去过泥塘的雌蛾；与此对应的是，那些"泥塘客"在约会之后，体内的钠含量则降到原先的2/3。和生殖细胞一样，钠也是这些鳞翅目生物交配过程的一部分，是像一盒巧克力那样的求婚礼物。那么对于这么多钠元素，雌蛾又该怎么处理呢？

研究者们在分析了雌蛾所产的卵后，答案终于真相大白。收到钠盐大礼的雌蛾，产下的卵中也会含有更多的钠——这说明每一只被求过爱的雌蛾都会拿出婚礼所得的 1/3 到 1/2，随着基因一起交给下一代。换句话说，泥塘里的钠原子，直接从父亲传给了母亲，接着又传给了孩子。与此形成鲜明对比的是，那些没有与"泥塘客"们交往的母亲，只好将自身 80% 的钠提供给了它们的卵，以确保合适的孵化条件。

那么这些跟你有什么关系呢？又如何揭示你和钠之间的关联呢？

首先，这一案例说明，作为动物王国中的一种商品，这种元素还是有点特殊性的——而你也属于这个王国。因为植物跟动物的生长方式不同，所以大多数植物性食品所含的钠都可怜至极。但是最终，我们拥有的钠原子却很富余，甚至可以引来昆虫舔食。我们体表的汗水及眼睛中的分泌物，盐度接近海水的 1/4。

你所有的钠原子都来自地壳中的矿物质。所以你逃避不了这样一个事实：你也是一个泥土食客，并且你也以其他食土生物为食。很久以前，我们的祖先基本是从食物中直接获取钠，但如今，我们多数人都是握着调味罐、勺子直接向食物里撒盐，或是由那些为我们生产并包装食品的人代劳。食盐是一种可以食用的矿砂，会在你的嘴里溶化，刺激你舌尖的味蕾，进入你的血液，有时也会从你的眼角溢出——比如开心或难过的时候。

钠与氯，几亿年的爱恋

钠原子如何最终来到了你的泪水中？这个故事可以带着你的思

绪，从火热的岩浆飞跃高耸的山峦，从幽深的矿井飞过闪着水晶般光芒的晒场，或是随动物、植物飞到你的餐桌上。不过顺着这个思路想下去，你身体中大多数钠离子都已经在海洋中游荡了数百万年之久。

直到美国南北战争开始之后不久，全美几乎所有的市售食盐都来自纽约州中部的一个地区，那里曾经是一片浅海。在5亿到4亿年前，在如今的雪城（Syracuse）附近，陆地的塌陷让一湾海水填了进来。数百万年过后，这片"地中海"早已干涸，在泥泞之间留下一片广阔的盐层，向西一直延伸到了今天的俄亥俄州。再次经历沧海桑田之后，一部分盐溶解到地下水中，又向上钻过数百英尺的沉积岩层以卤水的形式喷到地表。近几个世纪以来，奥内达加湖沿岸的原住民将这些沼泽泉流出的水收集起来，用煮或晒的工艺生产食盐。

到了19世纪，雪城地区的盐矿和盐泉被大规模开发利用，当地也因此获得"盐城"的称号，而全美国最古老的蒸汽加工厂就在附近的银泉市，为莫顿盐业公司（Morton Salt Company）所拥有，目前仍然在运行之中。莫顿食盐因为在下雨天仍能倾倒而闻名（这还需要归功于一种保持盐粒不粘连的惰性粉末），如果你家餐桌上也摆着这一品牌的食盐，那么这些微小的立方晶体，很可能就来自银泉市地下的古生代海洋沉积物。不过，最初它们在那个古老的海洋做什么呢？

当海水蒸发成岩盐时，钠就会和氯结合，但是在海洋中相会之前，这两种元素却有着很多形形色色的来源。你体内的大多数氯原子都来自火山灰以及超高温的熔岩，而你的钠最初则是从凝固的岩浆或熔岩风化而来。

当雨水和地下水冲蚀岩石的时候，钠离子会被萃取出来并一路倾泻，最终抵达海洋，或是汇聚到封闭盆地中，比如以色列的死海和犹他州的大盐湖。它们很乐意踏上征途，主要也是因为水分子觉得它们很有吸引力。如果你能缩小体型，小到足以观察某颗玄武岩的微粒，当它在暴雨的洗礼下轻微碎裂时，你就会看到，一队钠原子新军轰轰烈烈地开始了旅行——你的泪水、汗水和血液中的那些钠原子也曾经历过同样的旅程。好了，既然你成了微缩版的你，那么何不干脆穿越到 4 亿年前，看看一座如今坐落于纽约州北部的山坡上的风化面？看完之后，你就可以精确地知道，你的很多钠是从何而来了。

水分子撕扯着矿物表面，长石颗粒的构架不断被削弱，其中的每一颗钠原子都在这样的桎梏中振动不已，仿佛迫切想加入水分子大军。水分子具有弱极性，一对氢原子位于同侧，带有微弱正电荷，处于中间的氧原子则带有微弱负电荷。由于溶液中的钠离子携带正电荷，根据异性电荷相吸的原理，水分子中显负性的一端就会将它们从矿物晶格中"诱骗"出来。如同遇到救星的农奴一样，你的钠原子在被关押了几百万年后终于重获自由了！

每个钠离子都被六个水分子用负电荷端紧紧抵住。在这"第一层水合膜"之外，还有第二层水分子团，这使得阳离子的有效尺寸可以膨胀到原始体积的好几倍。钠离子与水分子构成的分子团簇翻滚到流水中，在身边的是其他刚从同一块岩石表面上被释放出来的"翻身农奴"。

它们汇进一条小溪，一路向西注入温暖的浅海中，每个钠离子依旧保持在一大群水分子的中心位置，在远古的鲨鱼和三叶虫之间游荡，而这些生物的化石还依旧被埋在岩石之中。然而，阳离子身边的这些水分子护卫并不是很靠得住，任何一个水分子都可能会跳开，留出空缺让另一个水分子顶替。但如果顶替的水分子不再充足，钠离子就会发现它被遗弃了。缓慢的地壳运动将古生代的纽约州从大洋中隔离之后，陆地中央的海水逐渐干涸，也就发生了上述过程。

盐水的浓度不断上升，随着陪护分子的蒸发，其他溶解于水中的物质也同样遭遇了遗弃。其中，数量最多的莫过于氯离子了，对日益孤立的钠离子来说，它们的吸引力也与日俱增。与钠离子一样，氯离子在溶液中也跟明星一样，身边围绕着很多水分子"粉丝"，只不过这次水分子调了方向，将正电性的一端指向了它们。我们可以想象，相比钠而言，氯如此受欢迎令人更为吃惊，因为在矿物颗粒中，氯原子比钠更不合群，很难与其他原子紧密结合。

在大多数矿物中，氯离子都很难被锁定在晶格中，这与钠离子不同。尽管你也能在火成岩矿石——比如玄武岩或花岗岩——中找到它的一丝踪迹，但它通常会存在于被岩石困住的液泡或是矿物颗粒之间。正是这个原因，对于碧玺这类看似不透水的宝石，地质学家会采用将其水煮再将煮过的液体蒸发的办法来测量它的氯含量。

氯原子通常会以氯化氢的形式从熔岩中逃逸（氯化氢是与你胃里面的胃酸相同的一种物质），它们多数会随着一缕缕火山灰飘浮在空中，而地质学家估算，每年火山都会向大气中释放数百万吨氯化氢。随后它们会溶解到雨滴中，并最终汇入大海。

根据美国地质调查局研究员赫伯特·斯文森（Herbert Swenson）的报告，每立方英尺（28升）的海水中含有2.2磅（1千克）盐，比一般湖水中的含盐量要高200倍以上，其中85%的可溶物都是钠离子与氯离子，剩余成分则主要是镁离子与硫酸根离子。尽管每年河流都会向海洋中注入40亿吨这样的溶液，但全球海洋的平均盐度依旧保持稳定，因为几乎等量的盐会被海床沉积物所掩埋。

目前，全球海洋中的含盐量大约有5亿亿吨，如果将它们全部提取出来，足以在所有陆地表面下一场500英尺（150米）厚的"盐雪"。类似的事情其实也曾小规模地真实发生过，地点就是4亿年前的纽约州中部。

海面逐渐萎缩，在越来越浓的矿物质卤水中，钠离子和氯离子也在慢慢靠近。当最后一滴水也被蒸发之后，氯化钠晶体便堆砌成一层层岩盐，足有几十英尺厚。很多年过去后，盐床被上千英尺厚的页岩、石灰石还有其他一些沉积岩所覆盖。这些经历过海枯石烂的难民，如今又逃到莫顿盐业公司的蒸发室中，最终被摆上了你的餐桌。

所以当你下次摇着盐瓶往食物中撒盐时，你可以想想你要拆散的是一份海枯石烂的感情。在经历了多年的分离之后，电荷相反的两种离子在濒死的海洋中牵起了手；而在你的体内，它们又会重新变回溶液状态，推来搡去的水分子会将它们再次分开，并不会为这些古老的情侣离子流下一滴眼泪。它们即将书写一生中最华丽的篇章，在一片生机盎然的原子海洋之中 —— 也就是你的身体之中。

如果你体内的钠消失了……

你吞下钠和氯将会发生什么？当然，可别去吃单质状态的它们 —— 纯钠在接触水时会发生爆炸，而氯气则会破坏你的肺 —— 正如"一战"期间它在战场上对士兵们的所作所为那样。你需要的是离子状态的它们，当你将它们中和成温顺的食盐后，吃下它们就变得很简单了，因为你唾液中的水分会迅速将晶体拆散成带电荷的离子。

钠离子在你嘴中溶解后，所做的第一件事就是向你汇报它已经抵达。在你舌头上分布着数以千计的味蕾，上面的微孔将一些阳离子迎了进来，触发了你的神经脉冲，而你的大脑便将此信号翻译成"盐的味道"。尽管到目前为止，味觉的学问还是有一些神秘，但已经很清楚的是，这些钠通道不仅是通向美味的大门，也是通往味觉行为本身的入口。稍后你还会看到详细介绍。

和你在学校所学不同的是，味觉并不是严格分布在舌头上一些不连续的位置。实际上，我们多数人的整个舌头都能感受到咸味，包括口腔壁也能感知；尽管特定的细胞会对某种味道尤其敏感，但其中很多都可以对不止一种刺激有响应。最新研究表明，基于多种原因，这一结论对钠离子而言尤为正确。

你不能像在骨骼中储存钙那样把钠也储存起来，所以你的身体只能对溶解状态的钠离子进行仔细监控和调节。肾脏、结肠与汗腺负责管理大部分盐分的排出，而当你吃或喝的时候，口腔中的味觉细胞则会帮助大脑控制该让多少钠进入你的身体。如果食物偏淡，那么你味蕾中的"食盐专家"就会鼓励你多吃一些，享受这个过程；但是如果食物很咸，多吃一点就足以构成风险，那么它们也会触发那些通常会对苦味物质有强烈反应的味觉细胞。

咸味与苦味的感应细胞之间相互影响，这也可以用于解释低钠盐中诸如氯化钾的一些成分为什么会有偏苦的后味，而这可以起到降低其用量的作用。唯一一种能够触发食盐感受器且引起的愉悦感可以和钠媲美的原子是锂，但不巧的是，你不能通过给薯片撒上氯化锂的方式来促进健康，如果处理不当，这种原子可是会让你中毒的。

口腔中存在的这些味觉传感器暗示了这些钠对你身体的重要性。不过，究竟你要它们做什么用呢？要回答这个问题，不妨这么想：如果人体中的钠消失了，会发生什么呢？

罗伯特·麦克坎斯（Robert McCance）是伦敦国王学院医院的一名医师，20 世纪 30 年代，当他注意到在《伦敦皇家学会论文集》上尚未发表过关于人体缺盐的"任何有价值的论文"时，就组织了一场名为"直接攻击实验"的项目，要求志愿者进行无盐饮食，并迫使他们每天都大量地出汗。

测试人员搭建了一些安装有加热灯的临时圆筒，里面摆着床垫，受试对象便躺在上面出汗，实验助手则将汗滴用纱布收集起来并测量盐分流失。在经历了4个半小时的煎熬后，一名受试对象的脱水量已经超过半加仑（1.9升）。他在日记中记录道："结束后几分钟，整个人都还是崩溃的，感觉彻底虚脱了。后来总算缓了过来。体重一共减轻了⋯⋯2150克。"

志愿者们自己在家做饭时，也只能吃些面包、人造奶、煮过三遍的蔬菜或是其他一些无钠食品。所有分泌物，无论液态还是固态，都会被收集干燥并称重，以供测试。

由于体液中钠的含量陡然下降，受试者几天内就开始出现一些症状了。麦克坎斯记录道："身体缺钠导致所有三名受试对象都出现了体重下降、脸颊凹陷的现象，看上去像是生病了。"所有味觉都发生了退化，这也就能解释，为什么人们很难去适应低钠饮食。烟卷变得索然无味，煎洋葱也只能有些"非常恶心的油腻甜味"。喘不上气也是个问题，精力明显下降，其中一名男性甚至胳膊"举不起剃须刀"，下颚"咬不动烤面包"。

10天后，他们汗水中的钠浓度已经不足第一天的1/3了，尿液中几乎没了钠的身影。他们的血样颜色变深，也变得更稠，但血压、尿量和心率仍然保持正常，因为受试对象的饮水并不受限制。这个过程并非在脱水，而是在缓慢"脱盐"。

很幸运的是，实验结束后志愿者们很快就恢复了健康，也没有留下后遗症。在食用了含盐面包、黄油和鸡蛋以后，仅仅几分钟后他们就找回了味觉；两天过后，他们的精力也恢复到了之前水平。其中一名男子在恢复正常后难以抑制激动的心情，以致"从行驶中的大巴上跳下，飞奔上了楼梯"。

相比于钠的缺乏，脱水的问题显然更为严重，因为不管怎么说，我们身体中大部分物质都是水，而且水也是体内很多化学反应的介质。吃、喝与排泄废物都是我们保证身体平衡的活动，而只有将供应和需求调节在正常水平上，你才能保持适当的生理机能。

一个典型的相对久坐的美国成年人，每天都会通过几百万微腺体，像挤牙膏一样将30盎司（0.85千克）汗液挤到皮肤表面。你前额的每平方英寸皮肤都有几百个汗腺，不过其他部位则有多有少。比如，你的手臂皮肤上每平方英寸分布着将近1000个汗腺，而在你的手心上，汗腺密度相当于这个数字的2到3倍。甚至，你汗水中的成分也会随着部位与环境发生变化，那些让腿保持凉爽的汗水，通常就比手臂上的汗水盐度更低，而在你的腋窝，富含油脂与蛋白质的"情欲汗水"会在微生物的作用下，产生特殊的"香味"，可以起到社交暗示的作用。

算上肺部呼出的蒸气以及肾脏与结肠分泌的大量排泄物，一名成年人在没有剧烈运动时每天会损失5到6品脱（2.5到3升）水，因此每天都需要进行补充，使身体中的水量维持在11加仑（41升）。如果在这个平衡关系中再考虑剧烈运动和高温天气，那么一天消耗2到3加仑（7.5到11升）水也很容易，这些水中会含有大约1盎司（28克）盐。这种持续的体液损耗会让你的身体更易因脱水而受损，而且比饥饿的影响更大。如果你的正常饮水总是不能被满足，一旦出现结构性影响，你的身体就会开始慢慢衰竭。

1906年，地质学家兼人类学家W.J.麦吉（W.J.McGee）在一次医学会议上做了一场题为"沙漠口渴也是病"的报告。就在此前一年夏天，一名男子没有带够足量的水，在亚利桑那沙漠中流浪了超过一周，幸亏麦吉救了他一命。他的痛苦经历成为医学文献中的经典案例，而且这也说明了，盐水平衡不但对你的内在健康，甚至对你的物理外形都起着很重要的作用。

当时，这位名叫巴勃罗·瓦伦西亚（Pablo Valencia）的墨西哥裔勘探员与一名同伴骑着马离开了麦吉的营地，向着遥远的金矿进发。当天晚上，同伴牵着两匹马回到了营地，说瓦伦西亚准备徒步前往，身上只有一小壶水。经过一场近乎绝望的搜寻之后，最终发现近乎一具残骸的瓦伦西亚蜷缩在一棵铁木树下的沙子上奄奄一息。

根据麦吉所述，一半旅行者在穿越亚利桑那沙漠一天半以后，就会因为口渴而缴械投降，但瓦伦西亚居然在八天八夜里连走带爬地挺过了 100 多英里。他仅有的淡水来源，除了那一壶水，不过是偶然碰到的昆虫或蝎子，以及自己少得可怜的尿液。

在身体恢复期间，瓦伦西亚描述了他逐步舍弃衣物、工具以及金块的过程，而且有几次还看到秃鹫在向他靠近，近到他伸手可及。他已经严重脱水，以至于那些被荆棘和石头深深刮破的伤痕都不能流出血了。他的鼻子缩到原先长度的一半，嘴唇几近消失，舌头"就是一条黑色的干皮"，甚至他眼睛周围的组织也严重萎缩，眼球的白色部分都已暴露在外。

很多资料都描述过，在我们身体失去 1% 到 2% 的水分时，细胞中的钠感受器就会发出信号，让我们开始感到极度口渴。脱水达到 10% 至 15% 后，通常就会出现痉挛、精神错乱，再严重的脱水就会致命了。然而令人吃惊的是，从皮肤和口腔蒸发的水汽，让巴勃罗·瓦伦西亚失去了 1/4 的体重，尽管如此，他还是坚持靠着两条腿往回走，直到一周后获救，幸运地捡回了一条命。

这两个案例——麦克坎斯的志愿者与麦吉的矿工——可以从一些角度说明，盐分与水分的短缺对你会有什么影响，然而引起这些效应的过程却相当简单：一切皆归结于原子的随机热运动。

例如，钠元素缺乏的受试对象感到犯困，是由细胞中盐与水的相对运动引起的。水和水中的溶质会从自身的高浓度区域向低浓度区域发生净迁移，这样的迁移过程分别被称为渗透和扩散。这两种过程的动力都是原子的热运动，而你的健康也依赖于这两者之间非常不确定的关系。结构精致的细胞膜让水分子比盐的离子更容易通过——水分子通过氢键聚集在这些离子周围，使其变得臃肿。因此，钠离子主要依靠蛋白通道与离子泵（一类特殊的载体蛋白）才能穿过细胞膜。在运动不息的原子王国，在细胞与外界环境之间，简单地挡上一层选择性渗透膜就足以产生显著的效果。

如果你将一个红细胞放到一滴纯水中，然后在显微镜下进行观察，很快你就会看到它在膨胀，然后像一只充气过头的气球一样炸开。这是因为水分子可以很容易借助"原子之舞"穿过薄薄的细胞膜进入细胞中，但盐的离子却被困在细胞内。水在不断进入，盐分又不能渗出，这样的不平衡就导致了细胞的膨胀。不过，在浓度非常高的盐水中，情况则会相反，红细胞会发生萎缩：水分子向外的渗透作用与自外而内的扩散作用不相称，因为钠离子不能穿过这层细胞膜屏障。

细胞中水与盐这种不同步的运动方式可以产生显著的效应。例如，钠离子缺乏会引起红细胞膨胀，使之不再能够轻易通过狭窄的毛细血管，由此引起的堵塞会迅速导致全身缺氧，麦克坎斯的那些病人出现嗜睡症状就是这个原因。麦吉所描述的那些令人不适的脱水效应，也可能是由渗透压不平衡所导致的细胞尺寸变化引起的，当然你大可不必去沙漠里亲自走上几天来体验。不过，你也可以通过喝入大量的水，体验细胞尺寸的反方向变化。

20 世纪 70 年代，我的一些大学同学和我曾经搞了一场喝水比赛——现在回想起来当时真的是太傻了，因为我们完全没想过这有多危险。我们的规则很简单：一分钟一杯，"一口闷"。不到一个小时，我们就都不玩了，痛苦不堪，浑身颤抖，一个个都跟喝醉了似的冲到卫生间呕吐。我们以为颤抖和蹒跚都是因为冷，但这也算说对了一半。不过，这也许就是一些更大悲剧的开端，因为我们当时并不知道，一些更为好胜的参赛者已经为此付出了生命代价。

因为喝水过多引发抽搐并致死的悲剧时有发生，通常都是在同样类型的比赛中。2007 年，一位已有三个孩子的年轻母亲在喝下太多水之后突然丧命，她当时正在参加广播电台里一项名为"憋住尿，Wii 拿到"的比赛（Wii，任天堂推出的游戏机）；而喜欢追求刺激的大学生也常常是这个节目的受害者。脑细胞的膨胀会将血液压到颅腔中，同时如果你的神经细胞过度膨胀就会开始失去功能，这也是为什么运动员在长时间剧烈出汗之后，通常都不是大口去喝纯净水，而是去喝佳得乐或是其他富含电解质的饮料，以便更好地维持他们的渗透压平衡。

你的眼泪则会通过类似过程让你远离感染。泪水中有一种溶菌酶，可以破坏细菌坚硬的细胞壁。当空气中的细菌落到你湿润的眼窝中时，它们的细胞壁会在溶菌酶的作用下变得不堪一击，不能够抵抗渗透压膨胀，随着它们在这里胀开并瓦解，诱人的绿洲瞬间变成了死亡陷阱。盘尼西林和其他抗生素也会先削弱细菌的细胞壁，然后征用你的体液作为防御型渗透压武器。

不过，钠离子穿过细胞膜的扩散过程可不仅仅是改变细胞的形状，还有很多更复杂的影响。它还让你可以思考、可以感知，还可以完成数不清的动作。

神经靠钠离子波传递信号

在你的神经系统中，数以千亿计的丝状细胞产生电场，但它们不能像电线那样传输信号。给铜线降降温，铜线的导电性依旧很好；可要是给神经细胞或者神经元降温，降得太多，它们就不能正常工作了，低体温症受害者可以证明这一点。在你的神经细胞网络中，并不是靠电子快速传递形成电流，而是靠一种扰流，很像是海洋表面的波浪，而驱动这些波浪的，主要就是钠离子的热运动。

现在请你不妨动动脚指头。此刻，钠离子正在帮助你完成这个动作，而且它还告诉你做这个动作的感受是怎样的。你的感觉、你的思想，还有诸如此类的自发动作，都是神经脉冲的表现。而所有这些脉冲，都和离子穿过神经元薄膜的扩散过程有关。

要想象这个过程是如何进行的，可以回想一下体育馆里成千上万个观众是怎么玩"人浪"的。当一个人举起或放下手臂时，接下来的一个人会很快重复同样的动作，并如此这般传递下去，形成一股股波浪在人群中起伏。没有人离开座位，传播的只是波动，如果协调得好，可以比任何一个人跑得都快。

神经脉冲和"人浪"非常相像，不过传递波浪的不是手臂的上下摆动，而是大量微型通道的开启闭合。一个神经元可以携带数百万个这样的通道，可以迅速打开透过细胞膜的通道，只允许钠离子通过。每一条通道都是被蛋白质包围的小孔，钠离子周围的水分子层则会被这些蛋白质撕开，并开启一条定制通道，宽度恰好可供钠离子挤过。

通道打开后不到一秒钟就会被再次关闭，数千个钠离子趁机扩散进入神经元，而此前神经元内部的钠离子浓度不过是外部的 1/10。这一过程引起周围的通道纷纷效仿，直到扩散的钠离子流抵达神经细胞的末梢。在那里，信号传递给其他神经元或肌肉细胞，它们可以继续传递信息或是对信息做出反应。

比如你刚刚动过脚指头——首先你是先答应了我的请求，这个决定经过你的大脑以接近每秒 100 英尺（30 米）的速度传递出去，这引发了一连串钠离子的扩散运动，顺着你的脊髓高速向下冲去——这样的脉冲速度可超过每小时 200 英里（322 千米）。接着又是一瞬间的工夫，信号就穿过腿部来到脚趾。当相应的肌肉拉动了你的脚趾后，感觉神经元就会向大脑发射"钠离子波"，汇报"任务已完成"。

这一切看上去如此机械，在自然界中如此基础，以致让我们很难相信，正是这看不见的"原子波"，通过那些将你的眼睛与大脑连接的神经元，让我写下的这些文字得以被你读到。但它们做到了。数字信号的闪烁可以让计算机产生可视图像，让你可以遐想身临其境的感觉；盐瓶中的原子也一样，通过一系列扩散作用，让你能够看、听、尝、嗅、触摸以及思考你身边这个鲜活的现实世界。

上述神经活动的这个简化版本说明，钠离子对于你的神经系统究竟有多重要，尽管故事中还有很多细节我们没必要在此展开，只是简单叙述一下。氯离子通道有助于调节神经元中的电荷平衡，而位于神经下游末端的钙离子通道则有助于向邻近的细胞传递信号。在钠离子波从神经元中经由像水闸一样的选择性通道扩散出来之前，钾离子就已经守在那里了；神经系统接着会被复位，在新的信号发生以前，微型的离子泵将钠离子推出去，并将钾离子抽进细胞。钾离子也是内耳神经的主波离子，所以当你下次吃富含钾的香蕉时，你就可以想象，那是来自热带的原子从听觉细胞流入你脑海时发出的窃窃私语。

这些过程不会持续很久——有些神经元可以在 1 秒钟内重复装填并传输超过 500 次信号。但这也不是没有代价，因为虽说渗透与扩散都是自发进行的，细胞膜上的分子泵还是需要消耗能量的。根据估算，在休息时，身体中有 1/5 的能量都是为神经系统提供的，其消耗的氧气也占到呼吸总量的 1/5。

很幸运的是，为实现这些功能，你并不需要去多想什么，你的原子就帮你打理了这一切——无论白天黑夜。对地球上其他动物来说，这也是幸运的，因为无论是在舔盐的鹿还是饮泪的蛾，都跟我们一样利用钠离子波传递神经信号。

有些动物甚至会利用这种对钠离子扩散的需求，将其作为防御方式。一些水生蝾螈会携带一种防御性的神经毒素，也就是河豚毒素，跟河豚体内的致命毒素一样，后者对寻找刺激的食客来说简直是臭名昭著，如果处理不当，它很可能会要了食客的命。河豚毒素可以封堵住神经元的钠通道，极小的量即可引发痉挛，比氰化物的毒性还要高好多倍。这种毒素只需要让临界数量的钠通道失去机能就够了，所以几毫克就如同是在头上砸进了一颗钉子，几个小时内便可杀死一名成年人。

有些杀虫剂则正好相反，通过过度刺激钠通道破坏昆虫的神经系统，例如苄氯菊酯。苄氯菊酯会和昆虫的钠通道结合，并使其保持打开的状态，神经元无法顺利复位，昆虫因此而翻滚、瘫痪或死亡。你自己的神经元与这些昆虫有着明显区别，因此苄氯菊酯并不会形成妨害，但如果你确实很不喜欢待在有神经毒素的环境中，那么在食用沙拉的时候也要避免食用菊花，尽管很少有人会因为食用它们感到明显不适——它们可被应用于另一种类似的神经杀虫剂中，也就是所谓的除虫菊酯。

其他一些植物也会产生防御性神经物质，比如烟草中的尼古丁，还有辣椒中的特殊气味物质，皆是如此。相对温和的墨西哥辣椒形成的明显灼热感是一种味错觉，那是因为辣椒素会在口腔中骗过你的钠通道，让它们发出灼热和疼痛的信号。如果咬的是火辣的哈瓦那辣椒，那么你口腔中那些受骗的神经元就会一起咆哮，迅速打开钠通道，就像你刚刚吞了一块火红的炭似的。这种热的错觉也会愚弄你的汗腺，让你汗流浃背。

下一次当你沉溺于麻辣烫带来的快感时，不妨换个角度想想闪闪发亮的汗水和不由自主产生的泪水。它们并非只是你自己的汗水和泪水，也是地球自身的组成部分。

你的汗水和泪水之所以是咸的，是因为它们来自咸味的淋巴液，它们从血管中渗透而来，像是富含矿物质的地下水。你眼睑下面的泪腺会持续分泌泪水，眼中其他一些腺体则会分泌出油膜覆盖你的眼球表面阻止水分挥发，还会分泌出作为基底液的黏液，以及用于抗菌的溶解酶。这些物质滋润并保护着你的角膜，随着你不断眨眼而平滑地扩散，然后又经过眼睛内角膜上的微孔渗透到身体深处。

泪水中的渗透平衡，与血液和淋巴间的平衡作用类似；但你的泪腺分泌的泪水中含钠量略低，这可能是为了减少其流失到环境中的量。通过开启或闭合各种膜通道并选择性地在各处抽吸盐离子，这些腺体促使水遵循着渗透作用，流经一条干涸得有如盐泉的运河，汇入你眼睛下半部分的"泪湖"中。尽管每一汪由盐泉汇聚而成的湖泊都只有大约 30 微升，体积尚不抵正常的一滴雨水，但一次刺激、一个深深的哈欠，或是由欢乐、痛苦、悲伤引发的神经信号，都可以让它溢流出来成为泪水。

想象一下你泪水中钠离子的旅程——它们在你的脸颊顺流而下，或许会刺激你舌头上的盐感受器，或是触动好友富有同情心的泪腺。它们在石头中被困了太久——它们或许曾经在珊瑚丛中漂泊过，或是溅到过原始热带海滩的沙滩上，也可能曾流经过世界上第一条鱼的鳃；与它们结合在一起的，曾经在火山口咝咝作响的氯，也在同一片原始海洋中徜徉，并邂逅了它们的伴侣，直到最终随着美味一起进到你的口中。

假如你身在泰国，正在晚风沉醉的室外用餐，但你还想让这些跨越了时空的原子和你多待一会儿的话，那么请你千万别让那些飞蛾靠近你的眼睛。

第六章 生存，毁灭，
和来自空气的面包——氮

让饥荒变为富足，这是科学的力量……氮的固定是最伟大
的发现之一，它一直在等待着天才的化学家去发现它。

——威廉·克鲁克斯爵士

（Sir William Crookes，英国化学家，铊元素的发现者）

原子里面没有恶魔，有的只是人类的灵魂。

——阿德莱·史蒂文森

（Adlai Stevenson，美国政治家）

原子可以制造出炸弹和毒药，很多人也因此而惧怕原子。但
事实上，最伟大的生命也是由原子构成的，包括你和我。蜜蜂可以
产出美味蜂蜜，但它们也能够蜇人；一个人既可以是撒旦也可以是
圣人，而实际上我们每个人都会融合这种两面的性格。而这样的多
面性，在德国化学家弗里茨·哈伯（Fritz Haber）的一生中展露
无遗。

哈伯开发了以空气中的氮为原料制造化肥与炸药的工艺，作为
发明人，他需要为数百万人的死亡负责，其中可能还包括他妻子与
儿子的自杀；但同时他也为 20 世纪几十亿人能吃饱肚子做出了很大
贡献。他的发明及其工业应用也让他在 1918 年荣获了诺贝尔化学
奖，具有讽刺意味的是，该奖正是由阿尔弗雷德·诺贝尔通过生产含
氮炸药积累的巨大财富创办的。

弗里茨·哈伯的传奇一直与氮有关，一个和他一样具有多面性的

生命元素。你呼吸的每一口气，听到的每一个声响，念出的每一个单词，其中的氮元素占比都超过 3/4。有时，它会让湖水酸化，或者把建筑物化成碎石。在漫漫历史长河中，它将人类、动物还有植物与土壤寄居菌、闪电以及天空标志性的蓝色联系了起来。不过，或许最令人震惊的是，它现在将你身体中很大一部分原子构架和弗里茨·哈伯联系在了一起。

天空为什么是蓝的

不妨找一个明媚的晴天抬头看一看天空 —— 之前你肯定已经这样做过无数遍了。

但是，现在请认真地盯着天空。

这是多神奇的一件事啊 —— 乍一看，你也许会把天空当成实实在在的天花板，就跟古人的思想一样。当古人说到"天穹"时，他们真的是把天当成了一个屋顶。当然，在这蓝色深空背后，并不存在什么确实的顶棚。你所看到的是一片明亮的薄雾，一层透光的阴霾，包围着地球向阳的那一面，看起来就像一片朦胧的隐形眼镜。阳光可以透过这层镜片，流星也可以刺透它而不会留下破洞。在头顶上方不远的地方，我们还可以时常清晰地看到鸟儿、白云、飞机在这层透明的介质里穿过。那么，天空的蓝色是从哪儿来的呢？

这个问题恐怕在语言刚刚形成的时候就出现了，但现代科学能够明确地回答这个问题还有赖于近代很多研究者的工作，其中就包括另一位诺贝尔奖得主 —— 阿尔伯特·爱因斯坦。爱因斯坦是著名的和平爱好者，也是世人皆知的原子弹之父，一生科学发现无数，但都没有他的相对论流传得那么广。1910 年，他的朋友哈伯正在尝试将氮作为生产氨气的原料，与此同时，爱因斯坦也发表了一篇论文，揭示了氮气在让天空产生颜色的过程中所发挥的作用。

在理解这一作用之前，我们首先要回忆一个重要的事实，那就是一般空气的气态物质中，氮气的比例达到了78%。与组成剩余绝大部分大气的氧气相同，氮气分子也是由两个同样的原子——也就是氮原子——构成，但是氮气分子中的这对孪生原子却与大气中其他成分有着诸多不同，无论是看上去还是实际表现都是如此。

当你呼吸的时候，双原子的氮气会随着氧气一道扩散到你的身体中。如果你是一名初级潜水员，你一定知道，在水下呼吸高压空气时，会让更多氮气溶解到血管中，如果没有经过减压就迅速浮到水面，它们就会形成气泡从血液中逸出。这些气泡可能会导致严重的关节疼痛，阻断血液循环，或是损伤神经系统，这些可能致命的病症就是广为熟知的"减压病"。不过多数时候，你的细胞都会无视这些氮气分子，把它们看成无关紧要的临时过客。虽然你需要氮原子来构建你的身体并维持机体的运行，但你却不能像吸入氧气那样，简单地靠吸入氮气来满足供应。你只能通过吃来补充，为了让它变得可以食用，你就只能依赖其他生物了。

这个问题的原因在于，对你而言，氮气转化为生物性氮需要更为有效的转化过程，就如同花蜜转化为蜂蜜一样。即便你的肺里充满了氮气，你也仍然有可能因食物中缺乏氮元素而死。可见，将氮气转化为可用之物还需要强有力的工具，而这种工具只为少数物种拥有。这些幸运儿握着这把可以挖掘无尽宝藏的钥匙，而地球上包括人类在内的其他生物都需要依赖这些原子宝藏生存。

导致这一元素如此难以获取的原因，也正是天空呈现蓝色的原因之一。氮元素似乎更喜欢和同类组合在一起，至少在它最常见的形态中是这样的。大气中的其他分子也会通过共享一个或多个电子形成共价键的方式两两结合，但不会像氮气这么牢固。氢气分子是依靠单键组合的，氧气分子则是双键，但氮气中的两个原子却采用超强的三键结合在一起，因此一旦它们形成以后，就很难再被分开。如果两个好友可以被称为"穿同一条裤子"，那么氮气中的两个氮原子就如同热恋的情侣一般，从头到脚都扣在一起。

原子通过周围的电子云结合成分子，氮气也不例外；但电子云并非完全固定不变的，如果给予这样的分子剧烈的震动，那么围绕在原子周围的电子云也会轻微扭曲。明媚的早晨，当太阳升起时，这一效应会十分显著。就像草原上的蜜蜂开始一天劳作前那样，空气分子醒来之后也会产生"蜂鸣"，只不过这种蜂鸣不是声波，而是光波。

我们头顶这个多氮的天空呈现的颜色可不仅仅是一幅背景——它还从生理上影响着你。有关光照对人类生理影响的最新研究发现，当人类视网膜暴露在蓝光之下时，褪黑素的产生会受到抑制，而褪黑素是一种诱导睡眠的激素。在古代，你的祖先可能就是因为对这种透过"天空滤镜"照过来的阳光有反应，才会在白天下意识地保持警惕，这也就是睡眠研究人员所称的"不可见的视力"。然而，如今一些专家也认为，电脑屏幕、电视和其他类似钟表底光的人工照明发出的蓝光却可能造成很多疾病，例如抑郁、失眠以及其他与疲劳相关的病症。

要解释光照下的天空为何是蓝色，我们不妨将空气中的分子想象成一群看不见的微型蜜蜂——当然是不会蜇人的那种。在它们之中，你可以同时看到三种方式的运动正在进行着：整个蜂群在风的吹动下会整体移动，而单个"蜜蜂"则会因为混乱的热运动飘忽不定，但天空的颜色主要来自第三种运动——空气分子内部的运动，就好比蜂鸣也是蜜蜂自己身体发出来的一样。

蜂鸣声是由蜜蜂的肌肉快速振动而产生的，翅膀拍击、打落花粉或是在寒冷的早晨使身体变暖，能量都来自这种振动。如果你的手心落了一只健康的蜜蜂，也会因这种振动而感到发痒。分子发射光线就如同蜜蜂发射声波，只不过利用的是电子而非肌肉。当阳光照到氮气分子时，作为反应，分子的电子云也会有节奏地跟着扭动，因此，研究这一无声"蜂鸣"的物理学家有时也会用音乐术语"谐振子"来指代分子。最近刚好有一位专家跟我描述了这一现象，还严厉警告说千万别把这一段解释搞砸了。

"很多人都搞错了，"克雷格·博伦（Craig Bohren）跟我说道，"甚至不少科学家也是。只有你不再错误地声称天空只是蓝色或者主要是蓝色，你才是对的。"

这位德高望重的大气科学家已经从宾夕法尼亚州立大学退休。在给了我一个令人吃惊的警告之后，他开始带着我领略天空呈色的基本原理。

"大气主要由氮气与氧气分子构成，它们的直径比可见光波长要小得多，因此当阳光照射过来后，它们便会将阳光散射到四面八方。实际上，它们会散射所有颜色的光，只不过波长较短的光会更为明显。"所谓波长较短的光，也就是蓝光，但也包括紫光。所以现在问题来了：为什么天空看上去不是更接近紫色？

他略略地笑了，接着说道："其实，某种意义上讲就是紫色的，只是你看到的有所不同。你的眼睛对紫色的敏感程度不及蓝色，而你的大脑也不会像光谱仪那样分析光线。你抬头看到的天空，有一部分已经过了你自己的处理，然后只是用'蓝色'这个词代表你观察到的颜色。"

根据博伦的测量，在晴朗的中午，天空光中只有 1/5 的光线是真正的蓝色。"甚至爱因斯坦在研究光的散射时都忽略了这一细节，因为他从未真正看过天空光的光谱。"

那么，究竟空气分子是如何散射光线的呢？

他停顿了一下，说道："如果你确实想了解这一点，那就需要先弄清楚电子云在被快速振动的光波击中后，会有什么样的反应。电子相对于原子核的运动会产生电磁扰动，其波长或者说其颜色与入射光的波长有关。空气分子同时会与很多光波产生这样的作用，但它们对蓝光与紫光的散射作用比其他颜色——比如红色或黄色——更明显。"

换句话说，氮气分子可以对全波长的太阳光进行散射，就好比如果你有朋友在音乐厅偷偷地给你打电话时，手机里也会传来很多交响乐的声音一样。然而手机上的微型喇叭在传递小提琴的高音部分时，会比低音鼓的浑厚声响更为清晰；大气中的细小分子也是如此，它们会更热衷于散射短波长的光，比如，蓝光和紫光。我们对天空中"音更高"的紫色会有一些音盲，但我们还是可以从同样灿烂的蓝色中感受到很多乐趣。

在低层大气中，每一秒钟都会发生几十亿次散射过程，考虑到人类视力的局限性，最终你所能感知的，便好像是一群发着蓝光的分子"蜜蜂"。大气散射的影响巨大，它使你不能在白天看见星星，也是它使你在太阳落山很久之后还能看到书上的字。在我们头顶之上的这个看似不透明的穹顶，远不止是一层被动的天花板：它因自己的原子发出的光而发光。不过到头来，天空之所以呈现蓝色还是由你的感官决定的。

空气中的氮如何转化为我们的肉体

尽管氮元素只构成你身体总重的 3%，但是在那些让你的外形和动作都独一无二的分子中，它们却是关键成分。你身体中的碳水化合物和脂质主要由三种元素构成，也就是构成二氧化碳和水的碳、氢、氧，但要想形成几千种蛋白质维持生命，你还需要将氮加入其中。你肌肉干重的 10%～15% 都是氮原子，而在你血液里的血红素中，是四个氮原子搭建成一个摇篮环抱着一个铁原子。你身体中所有的酶、抗体和基因都含有氮原子，神经元中的离子泵还有鼻子中的软骨也不例外。如果食物中没有氮原子，只利用碳、氢、氧三种元素，你顶多只能构建出脂肪和体液。

让氮气对阳光做出散射的电子云，还需要有一种细胞，其中含有一些像扳手一样的特殊分子，能把氮气分子致密的电子云拆解开，并利用这些被拆分出来的原子碎片做点别的事。对我们来说很幸运的是，有些生物就拥有这样的细胞。一些寄生在桤树灌根中的微生物就可以从事类似的工作；但全球最主要的固氮微生物还是各种各样的蓝细菌，它们或是住在浮游生物体内，或是存在于地衣褶皱的组织中；还有就是寄生在苜蓿、三叶草与大豆等植物根部的土壤细菌。由于这些细菌和它们寄主的联姻，种上几亩苜蓿就如同是播撒了氮肥一般。

固氮细菌中的分子扳手是固氮酶，一种含铁的酶。固氮酶会将氮气分子一分为二，然后给每一个氮原子配上三个氢原子，从而形成在生物学上很有用途的氨。不同于一般化学物质，固氮酶这样的酶都非常稳定，不会在反应中被消耗或中和，只要能量与原料持续供应，它们就会一直完成自己的任务。

长久以来，这些固氮细菌垄断了含氮化合物的生产，为了获取含氮化合物，地球上的其他生物都要有求于它们，因此如果按照人类的商业逻辑，它们一定会成为最富有的企业联盟。然而，根瘤菌的需求仅仅是免费而舒适的地下居住环境，至于水生蓝藻，也只是利用化学防御来惩罚那些打算以它们为食的生物。

除了细菌以外，只有闪电是值得关注的非人工氮源。闪电的厚度未必有你的拇指粗，却比太阳表面的温度还要高。超高温度将氮气分子从中撕开，从而给了氧气与自由氮原子结合的机会。每一次撕开空气的轰击都会留下一些氮氧化物，它们扩散到大气中，最终

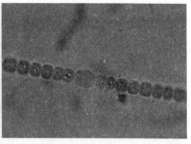

●你身体中氮原子的两种潜在来源。左图：含羞草，一种热带豆科植物，其根瘤部位有固氮细菌寄生。右图：显微镜下的鱼腥藻，一种生活于湖泊中的蓝藻细菌。图中显示，在一串细胞的中心位置，一个膨胀的细胞正在固定氮气。照片由科特·施塔格拍摄

随着雨雪降落到地面，经植物吸收后进入不同的食物链中。几乎可以肯定的是，你和其他大多数生物一样，此时此刻就携带着这样的闪电灰烬。

日常生活中能够遇到的氮元素多数是看不到的，这也使得我们很难建立起跟它有联系的直观感受。不过只需要一点科学知识和正常的想象力，你还是可以透过熟悉的表象探知更为深刻的原子真相的。为了便于说明，这里要说的是一个你非常熟悉的场景——经典电影《绿野仙踪》里的堪萨斯龙卷风——氮元素就隐藏于其中。

狂风在越来越暗的天空下肆虐，浓云中一条强健的触手像游蛇一般伸向一片可怜的农场，还有一栋小屋和谷仓立在农场与烟囱之间。扭曲的龙卷风不断逼近，人们混杂在鸡崽、马匹中间跑向掩体。现在请按下"暂停"键，看看此刻氮原子正在做些什么。

这部电影还是用黑白胶卷拍摄的，所以即便不是浓云密布，你也看不到长锥形的漏斗云背后那一片蓝色天空。不过无所谓——空气的运动比它的颜色更足以引发思考。在这种毁灭性的狂风之中，大部分作用力都是飞行中的氮气分子在寻找庇护所时对地面和剧中角色的冲击。强烈的气流主要是由高空中氮气分子不平衡的热运动所引起的，太阳照射带来的升温作用，让原子在不断上升而膨胀的

空气中加快了舞蹈节奏。当分子运动更快的热气流遭遇堪萨斯上空分子运动较慢的寒冷气流时，由此产生的激烈冲突，就孕育出了灾难性的暴风。

闪电也可能在电影里的同一片云中出现。每一次爆炸性的闪电都会在湍流的空气中留下一串氮氧化物，其中一部分氧化物会溶解到雨滴中，被土壤所吸收，随后帮助那些在灾难中幸存下来的庄稼生长。

这幅场景中看不到的是，那些富含氮元素的气体正在从田野中不断升腾。土壤中的细菌会将前一年的农业废弃物分解，在给土地施肥的同时，也不断将蛋白质分解散发到空气中，而那里也正是孕育这些蛋白质的源头。而在谷仓背后的厕所中，细菌也在做着同样的事。

农场上堆着的干枯秸秆中也藏着些氮原子，残留在那些曾是绿色的叶绿素中。鸡群在晒场上一边奔跑一边鸣叫，而它们羽毛的角蛋白中，氮元素还要更为丰富一些。

这部电影的开头是埃姆婶婶在大风中呼唤桃乐茜，富含氮气的风掠过她那花白头发中富含氮元素的角蛋白。桃乐茜呢，在这场令人目眩的大风中瑟瑟颤抖，富含氮元素的肌肉疲于应付，甚至不能再对婶婶那穿越氮气的声波做出回应。她的小狗托托比她还要害怕，因为它那锋利的角蛋白之爪正牢牢地扒在地面上。

现代社会里，同样的氮元素关系仍然操控着你身边的一切，还比电影场景中多了些新东西。机动车引擎的火花塞就像是微型的闪电，它们对氮气的作用也类似于闪电。平均每一天，你会吸入将近3000加仑含有氮气的空气，这相当于36个大浴缸的体积。而相比之下，一辆普通的紧凑型轿车每小时可以吸入30倍的量，如果在一年的时间里你驾驶着它开上12 500英里（2万千米），那么它可以产生大约18磅（8千克）的氮氧化物。大货车的吸气速度是小轿车的 4 倍，而一架飞机更是相当于它的 100 倍。所以你也就能明白，为什么机动车尾气会与火力发电厂的废气一样，成为如今全球氮元素循环的主要来源。

加拿大气象学家刘易斯·波林（Lewis Poulin）估算，2001年，蒙特利尔市内及周边的机动车每天排放的气体，大约是其 180万市民总排放量的 175 倍。不过与人类将氮气分子吸入后又原封不动排出的过程不同，经过超高温发动机缸的很多氮气分子都形成了氮氧化物。美国环境保护局的科学家经过调查后发现，在常年流行的西风作用下，大西洋沿岸的每一座大城市都会将含氮废气和其他污染物一起远远地输送到海上。而这些东部城市，又处在深入内陆的城市与高速公路下风口，类似的废气也会向着它们飘来。

如今，这个星球上大约一半的生物质氮元素，包括你身体中的大部分，都是通过燃烧化石能源从空气中提炼而来，然而这一工艺最初的工业化生产，却是出于给"一战"期间的德国提供炸药的目的。这种人工固氮工艺的最终产物，可以是从 TNT（三硝基甲苯）到笑气（一氧化二氮）的各种物质，甚至化肥（硝酸铵）也在人类的"努力"下，被用于从抵御饥饿问题到恐怖爆炸案的方方面面。所有这些都是一个人的遗产，这也使得弗里茨·哈伯成为人类历史上最有影响力的人物之一。

能做面包也能做炸弹

1868 年，弗里茨·哈伯出生于东普鲁士的布雷斯劳（现名为弗洛茨瓦夫，属波兰），是个商人的儿子。根据传记，他是一位杰出的科学家，一位不称职的丈夫，也是一位狂热的爱国分子。这些不同特点集于一身，也可以更好地解释他的生命轨迹。就像他关于勤奋工作与公民义务的理念那样："我宁可精疲力竭，也不愿闲得生锈。"

与爱因斯坦一样，哈伯也是德裔犹太人。但不同于爱因斯坦的是，他皈依了基督教，从而在一个反犹太情绪日益高涨的社会中获得了更大发展。1905 年左右，哈伯发现了一种可以生产液态氨的方法——将氮气与氢气在高温高压下混合，利用铁催化剂促进反应，这和细菌中固氮酶的反应方式非常相像。到 1909 年时，他和英国物理化学家罗伯特·勒·罗西尼奥尔（Robert Le Rossignol）一起开发了一种高压设备，可以滴出氨，而且其产量很可观。尽管当时他已在科学界赫赫有名，但是对这一工艺的完善，使得哈伯进一步成为公众名人。

当时，德国用于化肥与炸药的最主要氮源是硝酸钠，一种产自智利北部沙漠浅层的岩盐。这种沉积物极度罕见，而它们的来源至今也还保持着些许神秘。硝酸钠易溶于水，所以它们只会在智利沙漠这种极度干旱的环境中富集。在美国内务部 1981 年发表的一份报告中，地质学家乔治·埃里克森（George Erickson）推断，这些奇怪的沉积物是数百万年以来，由海洋盐雾、火山喷发以及岩石土壤风化的产物集聚而成。要想让这么多对生物有效的可溶性氮元素以同样的方式生长，地球上其他地区都过于潮湿，植被也过于繁盛。对埃里克森来说，发现这种足有 1 英尺（0.3 米）厚且部分纯度超过 50% 的化肥，其惊讶程度不亚于在露天发现一块巨型"糖田"，而这块"糖田"居然没有被雨水冲刷或是引来大群饥饿的蚂蚁。

不管源自何处，这些智利硝石自 19 世纪初就已让前来开采的人们大发其财，到 20 世纪初时，美国与英国也已经非常依赖这些大型的硝石矿。随着"一战"的阴云愈加逼近，正是单一来源的不稳定性以及从智利启程的漫长船期，促使哈伯的发明为德国带来了转折。

1909 年到 1913 年，哈伯和他的助手、化学家卡尔·博施

（Carl Bosch）将前述反应进行放大，实现了工业生产，也就是广为人知的哈伯－博施合成氨法，从而将大气本身变成了一座巨大的氮元素矿。关注合成氨农业应用的人们不吝溢美之词，说这是在"从空气中生产面包"。但氨气也很容易转化成硝酸用于炸药的生产，因此战时，哈伯的祖国对这一新工艺的渴求胜过了一切。从另一个角度讲，由于氮源不再受地理局限或是依赖根瘤，血腥的战争也变得更为持久了。

　　一种可以用作肥料促进生命发展的物质为何又能如此暴力地摧毁生命呢？硝酸盐可以利用自身的氧原子作为氧化剂快速起火，于是很平常的缓慢燃烧也会演变成野蛮的爆炸。将硝酸钾、木炭和硫黄按照不同比例混合，你可以得到各种形式的黑火药，它们曾经在兵器和烟火中被应用了很长时间。

　　18世纪时，法国化学家让－安托万·夏普塔尔（Jean-Antoine Chaptal）命名了氮元素，而他起名的依据便是这种元素存在于硝石中（硝石当时的法语为"nitre"，氮的法语为"nitrogène"，意即由硝石产生）。硝酸钾中的硝酸根，其实由一个氮原子与三个氧原子构成。当黑火药中的硝石遇到火花时，其中的氧就会直接与其他可燃物发生反应，一切似乎都会在瞬间发生。可燃物爆炸生成二氧化碳、水蒸气和含硫气体，膨胀速度快得让人难以想象，同时伴随着光和热。因此，枪支中的火药粉末爆炸时，便会推着子弹从枪管中进出，丢失了氧原子"行李"的氮原子也会以氮气的形式喷出，再次回到它们最初被固定的源头——大气圈。

　　当你消化食物中的蛋白质时，氮元素最终会以尿素的形式被排出体外。细菌随后会将尿素转化为氨气，进一步再将其氧化成适用于爆炸物的硝酸盐。美国南北战争期间，资源匮乏的南方同盟军有时会采用草木灰（可获取钾）和尿素（可获取氮）来生产火药。根据音乐家兼作家里奇·皮特曼（Rickey Pittman）的个人网站，当时从谷仓到夜壶的各种尿素氮源都被开发利用了。

皮特曼引用了一份由政府代表约翰·哈拉尔森（John Haralson）起草的公开通知，其中写道："恭请塞尔玛的女士们保留好尿液，以备生产硝石之需。每日将送来大桶一只以便收集。"诗人们很快从这件事中获得"灵感"，当时有一首歌的结尾就是下文中的这段猥琐打油诗：

> 约翰·哈拉尔森哪，拜托你搞点干净的发明；
> 你的硝石啊，多少都有那么点上不得台面！
> 这龌龊的主意哟，约翰，是火药，也是疯狂；
> 每当太太们掀起裙子时，就能射死那些北方佬！

科学天才与战争魔鬼

通过从空气中直接固定氮元素，弗里茨·哈伯让现代战争发生了革命性变化，也因此成为民族英雄。你或许会以为，他这一科技教父的形象也会在家庭中得到延伸，毕竟他的妻子克拉拉也是一位很有天赋的化学家。但他们的关系其实非常紧张，因为哈伯似乎非常渴望满足祖国对他的要求，而不管它们是否符合道义。

哈伯并不认同爱因斯坦的和平主义哲学，反倒很愿意将他的研究应用于军事方面。他的观点是："科学家在战时属于他的祖国，而在和平年代则属于全人类。"当他就职于新建的威廉皇家物理学与电化学学院——如今以他的名字命名——时，他协助发展并监督了毒气在战争中的使用，将其作为将盟军从战壕中赶出来的手段。他时常讲，这种毁灭性的战略，可以让德国快速获胜，最终那些可能因长期动乱而丧命的人将会因此而获救。然而很不幸的是，他判断错了。

对克拉拉而言，丈夫的激进已经开始超越底线，成为恶魔的同谋了。根据吉尔伯特·金（Gilbert King）在《史密森尼》杂志上的一篇文章，无论在私下还是公开场合，克拉拉都宣称其丈夫的行为"野蛮"，是"对科学理想的扭曲"。而哈伯的回应则是指责她背叛了祖国，这也使得他们已经很脆弱的婚姻关系雪上加霜。

●左图：克拉拉·伊默瓦尔·哈伯。右图：弗里茨·哈伯。感谢柏林达赫姆马克斯－普朗克学会提供的档案

压倒克拉拉的最后一根稻草，是 1915 年春天哈伯在弗兰德斯对盟军首次使用氯气的战役中以个人身份进行了指挥。一位幸存的加拿大士兵后来回忆起德国氯气战时如此说道："有种溺死的感觉，只不过是在陆地上而已。肺部像是在被刀刃划伤，不停咳出绿色的浓痰，最后失去意识直到死去。"毒气战引起的后果惨绝人寰，当克拉拉听说了这一切之后，默默来到自家后院，举起手枪朝自己的胸口扣响了扳机，后来他们 13 岁的儿子赫尔曼发现了她倒在血泊中的尸体。次日早晨，为了视察东部前线的毒气施放情况，哈伯又离开家，留下赫尔曼独自悲伤。

对于自杀，尽管克拉拉并未留下只言片语的解释，但还是可以认定哈伯应该对此负责。毫无疑问，他的家庭生活不尽如人意，这其中至少有一部分原因是他将雄心和祖国放在了至高无上的位置。然而当战争结束以后，哈伯更多地致力于和平目标了。20 世纪 20 年代的大部分时间里，他都在尝试从海水中提取黄金为德国挽回战争期间丢失的颜面，并提议通过化肥和杀虫剂将苏丹沙漠变成"农业伊甸园"。

然而最终，哈伯为之奉献一生的国家还是背叛了他。1933 年，希特勒开始掌权，纳粹的种族制度开始驱赶犹太科学家，其中不乏一些德高望重的人士，连爱因斯坦都被迫和其他一些人移民到了美国。有一天，这位曾经开发了固氮技术的英雄来到供职的学院，却被门卫给打发了，并被告知"犹太人哈伯不许入内"。他只好辞职，把自己放逐到了英国。毫不意外，出于他在战争中的所作所为，英国科学家都对他避而远之，于是他只好前往瑞士。根据传记作家莫里斯·戈兰（Morris Goran）的记载，哈伯的一位朋友说他的战后生涯就像是"75% 的死人"。1934 年，弗里茨·哈伯历经磨难，因心脏病离开了人世。在他辞世之后，他的老友爱因斯坦意味深长地总结道："哈伯的一生就是德裔犹太人的悲剧——也是无回报热爱的悲剧。"

有些人认为他还是幸运的，毕竟他没有看到在他死后，他的那些成就给这个世界带来了什么。最残忍的讽刺是，哈伯及其团队在威廉皇家学院开发出的含氮杀虫剂齐克隆 B，最初用于保护农作物，最终却在毒气室中被纳粹用来处决了数百万犹太人，其中也包括哈伯的一些前同事和远房亲戚。1946 年，赫尔曼·哈伯也自杀了，据说也是因为羞愧于他父亲在战时的这些研究。

如何去评价这样一个人的生平？

温斯顿·丘吉尔在 1918 年的一次国会演说中如此评论：

如果不是哈伯教授的发明，很难想象德国在硝石储备耗尽之后还能继续进行战争。他的这一项发明，让他们……不仅可以为各种目的几乎无限地供应炸药，也可以为农业增长提供充足的化学肥料。这是一个值得我们瞩目的事实，因为这显示了，如今的科学发现可能会有意无意地改变整个世界的命运。

如果严格从数字上来评价，恐怕哈伯对近代历史的贡献还是正面的。在 20 世纪，战争和灾难造成了超过 1 亿人死亡，或许从理论上讲，由空气生产的化肥对消除全球饥饿的作用可以与其相抵消。如果没有人工固氮技术，恐怕当今全球 70 亿人口中的一半都不会存在，原因很简单，因为没有足够的氮原子去构建和维持他们的身体。上述比较的结果如何，取决于如何考量诸多因素，而且也存在争议，因为更多的人口也就意味着世界上的污染与冲突的增加。

不管你如何评判，哈伯－博施合成氨法无疑是将我们从古代细菌垄断集团的限制中解放了出来。如今，全球每年的合成氨产量已经超过 1 亿吨，而且和其他固氮生物一样，我们也在向环境中排放着很多形式的含氮废气。感谢哈伯所做的贡献，借助现代文明的这些科技，我们如今可以通过一些史无前例的细节探索这些原子间的关联。

鲑鱼洄游和氮的食物链轮回之旅

我们常听说"人如其食"的俗语，而一些具有开创精神的生态学家现已证明，在北美洲西北太平洋的荒野地区，确实存在这样的原则。不过，他们主要的研究对象不是人类，而是鲑鱼。

红鲑鱼一年一度的洄游，其实是从海洋溯流而上前往遥远湖泊的长途迁徙，在那里完成产卵后便会死去，它们的惊人之举也时常被用来激励人们在面对逆境时要有决心。相比那些沿着曲折海岸在密布森林的水域里生活了几千年的居民来说，它们的确更有"决心"。毫不夸张地说，鲑鱼已经成了那里生命基础的一部分。而氮元素，或者更具体地说，较重的氮同位素让科学家们又可以讲述这个古老故事的新版本了。

当你望着满是鲑鱼的河流时，你的视线很容易就会在混乱中跟丢其中的某一条。为了解决这一问题，生物学家采用标签对特定的鱼进行标记，从而可以弄明白它和同伴们的行迹、它们的寿命，以及整个群落被捕捞的比例。不过如果你想深究鲑鱼的故事，那么一般的标签还是不够用，因为当鲑鱼死亡时，标签会脱落并遗失。于是，一种新型的标记方式派上了用场，我们可以借此跟踪鲑鱼的氮原子，直到这些鱼进了森林居民的口腹，最后回馈给森林本身。

加拿大不列颠哥伦比亚省维多利亚大学有一位生物学家，他的研究课题是鲑鱼与氮原子特性之间的联系，这一切首先开始于腐烂海草的气味。

"这种气味你肯定也熟悉，就是当你在沙滩上散步时闻到的那股海腥味。"当我给汤姆·莱莫什（Tom Reimchen）打电话时，他如是说道，"海草腐烂的时候，细菌将它们降解，就会释放出氨气还有其他气体。海洋中其他区域如果有什么东西腐烂时，也会发生同样的事情。"对莱莫什和他的团队而言，这些分子中的同位素分布比例，让追踪生态系统中的鲑鱼原子踪迹成为可能。

"氮有两种同位素，其中一种略微重一些，所以向空气中逸散的难度也会略微大一些。这点差异使得重同位素更易于在海洋中积累。"他继续补充道。

尽管你也许会猜想，原子看起来大概会和一群鱼那样整齐划一，但同位素的存在却说明事实并非如此。氮-15比氮-14多一颗中子，质量也就略大一些，比起更为轻盈的弟兄来说，氮-15也显得略微迟钝一些。对莱莫什这样的科学家而言，氮－15 的迟钝却是件好事。

"较重的氮－15 比氮－14 的振动略微弱一些，因此当它和其他原子之间构成化学键时，也就更为稳定而不易被破坏。腐烂海草散发出的氨气，其中的氮－14 含量更为丰富，因为微生物将它们从蛋白质分子上摘落的难度更低，这样氮－15 就会被遗落在海洋中。"同样的事情在海洋食物链系统中也有发生，从被捕食者到捕食者的每一级，氮－15 在器官组织中的含量都会有所提升。单细胞的藻类从死去的海草那里获取含氮化合物，这些食物分子转化为藻类细胞的过程中，氮－15 相对于氮－14 的含量也会有所提高。小型浮游生物吃掉藻类，氮－15 含量又一次升高，小型鱼类又吃掉浮游生物，效应也因此不断累加。红鲑鱼几乎处于食物链的顶端，它们只会在氮－15 非常丰富的海域中捕猎，所以在它们的身体中，会携带含量明显较高的氮－15 同位素。科学家研究发现，在红鲑鱼的身体组织中，氮－15 的丰度超过大气及地壳中的 10 倍。

"相比淡水鱼，在海洋中生长的鱼类含有更多的氮－15，"莱莫什解释道，"而且食物来自海洋的各类生物，氮－15 的含量也要比那些生活在陆地上或一般河流湖泊中的生物更高。"因此，鲑鱼组织中的高浓度氮－15 含量在一个前所未有的角度揭示了"鲑鱼森林"与海洋的微妙原子关系。

变身是一个在世界范围内广泛流传的古老神话。在这些传统故事中，女巫会变成黑猫，多毛的人会变成狼人，而吸血鬼则会变成蝙蝠。我们也许会被这些故事逗笑，但是像莱莫什这样的科学家却不会，在原子王国里，鱼类会变身成为熊、狼、鸟，甚至人类，沧海也会变成森林。

夏洛特皇后岛（也被称作海达瓜依岛）就坐落在不列颠哥伦比亚省的海岸外围，年复一年，这里都会吸引迁徙的鲑鱼游进河里。

在《生态林业》上发表的一篇文章中，莱莫什指出，夏洛特皇后岛上的一头黑熊可以在夏末秋初的六周时间里——也就是鲑鱼的产卵期里——捕食大约700条鲑鱼。通常黑熊会带着战利品来到丛林中独自享用，只吃掉最美味的部分，然后就再次返回捕猎场，剩下大堆残余的鲑鱼尸体。在原子王国里，食物很少会真正变成废物，黑熊没有吃掉的部分很快就成为鹰隼、乌鸦和海鸥的晚餐。几天后，残余的软组织和动物粪便又成了蜂群、苍蝇和细菌的乐土，并被转化为含氮的废物。用莱莫什的话说，腐烂的垃圾已经让河边森林成了一片"臭不可闻的水岸区域"。

与黑熊一样，在不列颠哥伦比亚省一年一度的鲑鱼迁徙期间，灰熊的氮元素摄入也几乎完全依赖于鱼类的蛋白质。敏捷地刺入，紧扣双颌，甩一甩厚重而潮湿的毛，这位成功的猎手便将猎物拖进了丛林之中。撕开鱼皮，橙色或粉红色的鱼肉便露了出来，灰熊大口将鱼肉蛋白送到胃里，在那里守候多时的酶开始工作，将其分解为小分子的氨基酸。从食物中获取的氨基酸，顺着捕食者的血管来到肝脏，在这里它们中的大部分都被加工成各类原料，用于构建肌肉、筋腱或其他身体组织。超过每天生长或新陈代谢所需的部分，都会被分解成氨，并被转化为尿素排出体外。这些需要丢弃的含氮化合物，九成都是通过肾脏过滤，并由尿液排出，其余部分则主要随着固体排泄物离开身体。当你咬下美味的鲑鱼并将它们的原子据为己有时，类似的过程也会在你的身体中发生。

如果这头熊是哺乳期的母熊，那么很多没有被用上的氮原子，就会被用于构建乳汁中的蛋白质，而身体通常会将大多数氨基酸用于毛发及其他部位的生长。根据一项研究，熊的毛发中有80%的氮原子都可以追溯到海洋中。新生毛发纤维中的这种原子信号，不仅出现在鲑鱼迁徙的秋季，也出现在春季到夏初的这段时间，此时熊的食物来源主要是植物而不是鱼。来自海洋的氮原子，已经滋养了整个森林，而不仅仅是熊了。

植物用氮原子构造能够捕获光子的叶绿素，并因此成了绿色，此外也用它们构建酶、细胞壁以及香味物质。在鲑鱼洄游的溪流边，植物从土壤中吸收的大多数氮元素，都是黑熊们搬运上来的鲑鱼蛋白，而且莱莫什和他的团队通过测定发现，当地越橘、野生杜鹃以及美莓（这种植物的命名恰到好处，因为它的英文名salmonberries直译过来便是"鲑鱼莓"）中氮-15浓度都比较高，这也显露了其原子是来自海洋的同位素特征。类似的研究还发现，北太平洋沿岸的各分水岭都有同样的现象，叶片中的氮-15含量可以反映植物与溪流的距离，以及鱼群密度和熊群规模等。

然而不幸的是，通过氮原子的这张食物网络，海洋也给我们送来了一份沉重的"大礼"。根据环境学家珍妮·克里斯坦森（Jennie Christensen）及其团队的研究，落入太平洋的大气污染物最终也会使鲑鱼遭到污染。他们得出结论认为，洄游的鲑鱼体内，可以检测出多达70%的有机氯杀虫剂类别，而在以鱼为食的灰熊体内，则可以检出多达90%的有毒多氯联苯物质类别。他们总结道："由此可见，这些陆地食肉动物与北太平洋的污染物形成了紧密关联。"

再回头看看鲑鱼的残余尸体。狼群、鼬鼠和狐狸将其他的鲑鱼氮原子带到周围，而鹰隼和乌鸦则会将它们带到更高的树丛中。有一些氮原子还多绕了一个环节，经过食腐昆虫进入鸟类体中，最后又变为鸟粪回到地面。即便是在最终剩下的鱼骨中，含氮物质也会在细菌的作用下缓慢地分解成氨气和硝酸盐进入土壤，在那里，真菌纤维会将它们送抵树木的根部。

在莱莫什所研究的溪水边有一排排云杉和铁杉，它们树干中所含的氮-15，比起那些生长于山坡上方或上游的树来说都要高多了，那些地点因为坡度或瀑布阻挡了鲑鱼的洄游。不列颠哥伦比亚省河边植被中所含的氮元素，差不多有40%都是来自被熊捕获的鲑鱼，而在鱼群最为密集的一条滨海溪流中，莱莫什估测在迁徙规模最大的那几年，该区域的云杉当年所需的氮，竟有 3/4 以上都来自鲑鱼。

研究发现，氮元素可以让植物生长得更快更茂盛，因此有些研究者就将年轮作为鲑鱼洄游规模的记录。渔业研究一般只会覆盖几年或几十年而已，但云杉、冷杉和铁杉却往往生长几百年，每一年都会在树干的最外层增加一圈。通过测量河边树木一圈圈年轮中的氮 -15 丰度，华盛顿大学的研究者发现，在过去的 350 年里，鲑鱼洄游的规模起伏很大，即便在现代人类对其造成影响之前也是如此。但鲑鱼历史的最长记载还是要从湖里挖掘，那些从捕食者口中逃过一劫的幸存者在这里结束了它们华丽的旅程。

当红鲑鱼奋力游到溪流的最上端，回到它们出生时的地方时，雄鲑鱼便失去了它们银色的光泽，鱼鳍变得通红而头部却呈现绿色，弯曲的下颚凶相毕露，准备争夺地盘与配偶。鱼群抵达一片湖泊之后会开始繁殖。雌性鲑鱼在背阴的位置产下鱼卵，而雄性则通过打斗赢得繁衍的机会，获胜者可以在临死前将牛奶状的精子洒落到巢穴中。不久后，湖底便布满了决斗者的尸体，它们腐烂后向这片水下版的"鲑鱼森林"释放着氮原子。

水藻将这些含氮化合物消化，然后自己成了小型浮游生物的食物，这又给新出生的鲑鱼提供了一顿大餐。在新生鲑鱼往返于太平洋开启属于自己的新一轮旅程之前，它们会花上几年的工夫，依靠它们祖先的原子增加体重。所有这些过程中，腐殖质与死去的浮游生物形成薄薄一层，在酥软的湖底淤泥上富集，而这层状的沉积物就好像树干中的年轮，可以揭示出数千年的鲑鱼历史。

《自然》杂志 2002 年发表的一篇论文中，生态学家布鲁斯·芬尼（Bruce Finney）和他的团队介绍了他们在一块沉积岩芯中的发现，岩芯挖掘于卡鲁克湖（Karluk Lake），一处位于阿拉斯加科迪亚克岛的野生红鲑鱼繁殖地。在过去的两千年中，沉积物中的

氮 -15 含量与硅藻的玻璃质细胞壁含量同起同落，因为硅藻在鲑鱼洄游规模很大的年份也都会爆发式繁殖。不过相比记录的久远和细节而言，更令人吃惊的还是它们揭示了现如今的种群数量。

像现在这种种群数量长期下降的现象并非我们这个时代所独有，两千年前还出现过更大幅度的下降，并一直持续了好几百年。我们到现在为止还不知道具体是由什么原因引起的，不过芬尼的团队认为这可能和气候、太平洋洋流以及海水表面温度的波动有关。

更多的问题在这些发现之后被提了出来。鲑鱼的数量"究竟"有多少？过去曾经有报道称，河水中的鲑鱼太拥挤以致人们可以踩着鱼背过河，这是否只是"大鱼"传说？商业化捕捞在这个地区兴起以后，鲑鱼种群反而比过去数千年更庞大了。这种巧合会不会让我们对未来预期产生错觉？

这些研究说明，对于鲑鱼以及它们在太平洋西北地区"氮经济"中的地位，我们还需要进行更多了解。而且并不意外，类似的研究已经开始了，并逐渐揭开了很多我们自己与世界之间的氮关联。

远古人类的食谱

人类历史上大多数时候，我们的祖先与环境之间的原子交换其实都非常接近于"鲑鱼森林"，而且这可以在人体中通过同位素标记进行追踪，就像莱莫什的研究所观察到的一样。

考古学家会通过对骨骼中最丰富的胶原蛋白进行氮 -15 同位素分析，从而构建出远古人类的食谱。在一项类似的研究中，厄尔·纳尔逊（Erle Nelson）和他的团队在格陵兰岛南部发掘出了早期挪威定居者的骨骼，并分析了他们 15 世纪在此处定居失败的原因。不少专家提出，原因是环境变冷，也就是所谓的"小冰期"，气候变得过于恶劣。其他专家则认为，他们可能固执地拒绝接受当地因纽特人的生活习惯，不愿以打猎捕鱼为生，最终土地退化与粮食歉收导致了他们的死亡。2012年，纳尔逊团队研究了格陵兰岛埋骨之地的原子组分，以检验这些富有争议的猜测。

他们的同位素分析证明，格陵兰岛上的挪威人，食谱中有很多鱼和海豹肉，这使得"气候致死说"与"粮食歉收说"都显得有些站不住脚。与太平洋西北地区的熊一样，以海洋生物为食的人群相比那些以粮食或家畜为食的人群，体内的氮-15含量会更丰富一些。在格陵兰岛开展的研究表明，如果这些定居者是以面包为食，骨骼中的氮-15含量肯定不会像测量值那么高。

所有的骨骼都是如此，只有一个例外。根据当地记载，此人出生在斯堪的纳维亚，加入移民大军后不久就死去了。结果，他的骨骼中仍然携带着大量农业性的氮原子，这是由他早些年在挪威吃的食物留下的。他体内较低的氮-15含量也证实，在他死的时候，身体中的氮原子还没有完全被当地食物的原子所置换。

作者认为，这些早期定居者体内的氮同位素表明，格陵兰岛移民的消亡不太像是突发事件，而是一段缓慢的疏散过程。在哥本哈根大学的一篇新闻报道中，人类学家尼尔斯·林纳洛普（Niels Lynnerup）对此解释道："没有证据表明挪威人的消失是自然灾害的结果。如果要说是什么原因，那可能就是他们对于在世界尽头啃食海豹的生活已经厌倦了。"出于对斯堪的纳维亚更发达的文化及社会环境的渴望，很多年轻人会先被吸引并前往，剩下的村民们最终也放弃坚守，离开此地。

捕食者消化另一个生物体中蛋白质的过程，体内会倾向于留下更多较重的氮-15原子，这也使得捕食者体中的氮-15含量通常比猎物更高，而这一原理也适用于我们人类。1997年发表在《有机地球化学》的一篇论文提到，通过哺乳期的母亲与她们婴儿间的营养物质关系，可以揭开这种神奇的原子纽带。

当你还只是胎儿时，你所有的原子都来自你母亲的身体。你还不会自己吃喝或呼吸，只能通过脐带从胎盘获取或排出流体。说到底，当时你还只是你母亲身体的一部分。即便你在出生之后已经能够自行呼吸了，你还需要从母亲的乳汁那里获取其他的原子，除非你是喝配方奶粉长大的。

不过尽管你最初的原子都来自你的母亲，但你自己的身体中，氮-15还是得到了轻微富集，这与熊的蛋白质相对于它们食用的鲑鱼氮-15含量更高的原理相同。换句话说，你不仅仅是你母亲身体的一部分，你也在由她滋养。如果你乐意，你可以用捕食、寄生甚至同类相食这样的字眼来描述这个关系，因为不管怎么表述，对于你的氮原子同位素都是一样的，同时它们也在记录着你的所作所为，并将其写入蛋白质的分子档案中。

当研究者轻轻剪下哺乳期新生儿的指甲，并与其母亲的指甲进行对比时，他们搜寻到了母亲做出莫大牺牲的同位素证据。被捕获的鲑鱼并不情愿用它的氮-15去喂食饥饿的黑熊，但哺乳期的母亲却是在无私地向她们的孩子提供自己的原子。遵循着古老的食物链原则，研究发现婴儿体内的蛋白质，其中氮-15的含量会略微高于他们的母亲，直到他们断奶之后，同位素分布才逐渐与今后将养育他们的更广阔外界环境趋于一致。最早显示独立的同位素证据出现在两到三个月后的指甲中，这也是新生儿的指甲从角质层生长到指尖所需要的时间。类似的同位素研究还发现，母亲的妊娠期可以在头发丝中体现，因为这时她的身体正在不断地向她的孩子输送氮原子。

母亲与孩子之间的紧密联系，从很多方面也反映了我们与地球之间的原子关联。即便已经不再依靠胎儿期的脐带连接，我们也仍旧生活在这个由回收原子构成的"地球胎盘"中。不过如今，加入这些原子连接网中的，不仅有生物，还有各种机器。

就在写作本书期间，地球上具备生物价值的含氮化合物，有一半都是由我们的机动车、农场和工业所生产。《科学》杂志 2010 年发表的一项研究显示，如今仅仅是哈伯－博施工艺这一项，就足以匹敌海洋与陆地上所有微生物的固氮总量。我们生活的这个世界已远非我们的祖先所能理解，甚至，我们大多数人都不再依赖农场了。

在电影《绿野仙踪》中的黑白世界里，农场产出什么，人们就只能吃什么，他们体内的氮原子都来自他们养殖的家畜或种植的粮食，以及偶尔发生的闪电。从土壤细菌到植物再到农民，然后再回到土壤中，氮原子一次又一次地回到同一片土壤中，马匹在此处犁过，将猪粪和其他废弃物翻腾到四处。即便没有龙卷风袭来，那段困苦时期也实在算不上什么完美的田园生活，不过我们能够从中学到一些更深刻的道理。他们都曾经是元素循环中的一部分，不过在如今的堪萨斯州，这种循环已经很大程度地被破坏了，就跟世界上其他地方一样。

如果你也和大多数美国人一样，那么你的全部食物也几乎都来自超级市场，由工业化的农场供应。由此可以推断，你身体中的大多数氮原子，都是在某个离你居住地很遥远的地方由人工方法所固定的。用于固定氮的主要能源是大量不可再生的化石燃料，将这些食物运输到你家周边商铺直至餐桌的能源也是它们。这些代价高昂的含氮化合物在排放后，并不会被农作物所吸收；其他的氮元素，通过牲畜的排泄物，进入污水池或是废水处理厂，反硝化细菌在那里将它们分解成惰性的氮气重新回归到空气中。这些过程让以人类为中心的全球氮元素循环出现了巨大缺口，而这个缺口只能通过能耗更经济的固氮技术和运输技术填平。

或许有人会辩解说，事情本来就该如此，因为这是保证庞大人口生存并远离饥饿威胁的唯一办法。不过长期来看，寻找更有效的一些方式闭合我们的氮元素循环不仅可行，而且也是有利的。将动物粪便还田，用固氮植物给土地增肥，更仔细地调整化肥施用的时机和用量，这些都是如今在此循环中相对简单的推荐方案。

几十万年以来，我们的祖先吸收并利用这些同样的原子，然后又将它们排放到同样的一座"原子蓄水池"中，相信这个世界会满足他们所需，并稀释或分解他们产生的垃圾。作为目前地球上最主要的活性氮源，哈伯－博施合成氨工艺推动着我们跨入了21世纪，同时随着我们从大气中获取营养物质的能力不断提升，我们给全球氮循环带来的影响也在与日俱增。

生态学家大卫·辛德勒（David Schindler）在代表华盛顿大学接受采访时，对我们的处境做了简单描述："对氮而言，这个世界远比我们想象中要小。"当我们丢弃氮原子的时候，它们会依旧留在这个星球上，和我们在一起。如今，它们的规模与我们的其他垃圾一起不断增长。除了给粮食作物提供养分以外，我们排放的含氮垃圾也给我们带来了意外的后果，比如水藻暴发、酸雨酸雪和城区的有毒雾霾。它们甚至对气候变化也有贡献，因为过量施肥的田地、草坪、高尔夫球场以及化石燃料燃烧所产生的氧化二氮（N_2O）是一种温室气体。生态学家亚历克斯·沃尔夫（Alex Wolfe）在接受一次线上采访时指出："全球气候变化的争论主要都集中在对碳排放的讨论……（但）全球氮循环中由人为造成的困扰已经远远超出了碳的影响。"

作为一种迅速成熟而富有感知力的物种，如何权衡我们对固定氮的需求以及这种需求对水与空气质量的影响，还有我们的进化——是会互相促进还是互相残杀，这些都将是人类前进之路上上演的伟大故事。而且不管故事在未来如何发展，毫无疑问，弗里茨·哈伯这项颇具两面性的遗产都将继续在其中扮演重要角色。

第七章　骨与石——钙、磷

我们将土地视为属于自己的商品，故而会滥用。如果我们视土地为我们居住的社区，那我们就会开始怀着爱和敬重去使用它。

——阿尔多·李奥帕德

（Aldo Leopold，美国著名生态学家，

所著的《沙郡年记》引起公众对"土地伦理"的关注）

绿色植物通过把地下的水、矿物质与天上的阳光、二氧化碳混合起来，连接了天和地。

——弗里乔夫·卡普拉

（Fritjof Capra，美国加州大学物理学家、生态学家）

钙与磷的传奇

并不是每天都会有人给你送上一根史前人类的指骨。

但 1988 年，这样的事情在我身上发生了，当时我正作为青年科学家在肯尼亚北部完成一项《国家地理》杂志分配的任务。当我前一天抵达内罗毕的国家博物馆时，我居然遇到了古人类学家理查德·利基（Richard Leakey），要知道，我可是看着他的电视节目和文章长大的。后来没多久，他乘坐的一架小型飞机发生坠机事故，而他在意外中失去了两条小腿。不过我去考察地点乘坐的这一趟飞

机在碎石沙屑之上掀起一阵尘土后安全着陆了，稳稳地降落在炎热干燥的图尔卡纳湖（Lake Turkana）西岸，在这里我将见识到所有人类与地球间的原子联系。

从空中看，图尔卡纳湖就像是一条满是泥沙的蓝绿色缎带，延伸了足有170英里（270千米），北边连接了奥莫河河口，而南边则是熔岩与火山口的天然屏障。湖泊的形状是由"东非大裂谷"雕琢而成，这是非洲大陆上一条从红海延伸到马拉维的巨大板块裂痕。这汪内陆湖含盐量高，并不能作为饮用水源。但是对那些赶着牛、羊和骆驼行走于严酷沙漠地区的图尔卡纳人来说，这里就是家园。至于像利基和他同事这样的科学家们，这片地方也打开了人类所有历史的窗户。

当我们接近图尔卡纳湖西岸化石营地的临时跑道时，我能感觉到湖泊以前应该比现在大出很多。曾经的沙滩上分布着平行的条纹，一直延伸至那些拦阻湖水的荆棘、低矮峭壁和干燥峡谷才消失。

"从湖岸向外走得越远，"飞行员一边驾驶飞机从几座帐篷上空盘旋而过一边解释道，"你追寻的历史就越久。现在这个位置的湖床，大概有几千年，但那边远一点的地方就接近200万年了。如果继续走到地平线上那些山头的位置，你就走在恐龙时代的化石之上了。"

湖底沉积物是寻找"老骨头"的好地方，因为在这里它们避免了被动物啃食，也不易风化。时过境迁，湖底淤泥中坚硬的矿物质也会部分或全部替代骨骼中的原有物质，即便后来再被埋入土中也不会腐化。仅仅因为这一点，图尔卡纳湖西岸就吸引了众多科学家，而且此处埋藏的不少化石可不寻常，所以当它们被发掘的时候，整个世界震惊了——这里埋藏着和我们关系最为亲密的原始人类的化石。

当地质学家弗兰克·布朗（Frank Brown）领着我从营地来

到不远的一处新发掘点时，遥远历史的证据随处可见，他不时停下脚步向我介绍其中一些。

"看见那里的砂岩了吗？"我点了点头。"上面的波纹说明这个位置曾经是浅水滩。"

"你怎么看上面那些小小的碗形印记？"我完全没有头绪。

"是巢穴。那是鱼刨开沙子存放鱼卵的地方，就像如今它们的一些后代在非洲湖泊中所做的那样。好了，你看那边的块状构造又是什么呢？"

我小心翼翼地来到一堆半埋于土中的颅骨中间，每一个都差不多有倒扣的洗衣盆那么大。

"它们是叠层石，是微生物形成的礁石。当这片地方还被湖水覆盖的时候，藻类和细菌用水中的矿物质一层一层地将它们堆了出来。"

更吸引我的还是那些扁平的泪滴状石块，厚厚的，撒得满地都是，我们的脚步都避不开它们。"难道它们是……"

"没错，是手斧。现在对人类学家没有多大用处了，因为它们已经离开了最初的位置，也很难被准确断代。不过根据外形，它们很可能出自直立人之手。你看，说话间我们就到了。"

这片地方就像是一座削入断崖的露台。在一块布满沉积物的平地上，一位穿着短裤和格子衬衣的中年肯尼亚男子正跪在一块泡沫垫上。他拿着一把锥子，似乎正刮着地上的什么东西。当我们走近时，他站起来略有些生硬地跟我们打招呼，而我这才看清他刚才在做什么，在垫子旁边是一些被仔仔细细凿过的浅坑，还有一些筛出的骨头碎片。我的向导指着他跟我介绍说这是卡莫亚·基谬（Kamoya Kimeu），一位德高望重的化石专家。

"欢迎你！"他一边打招呼一边伸出一只满是泥土的手，"如你所见，这还只是个半成品。"他转过头指了指整个山崖断面。我倒吸了一口气。基谬看到后笑了，手中还挥舞着他的那把锥子，说："多数发掘工作都是用这种工具一寸一寸进行的。自打我 4 年前发现第一块碎片算起，我已经挖掘出了很多，不过辛苦也是值得的。团队中多数成员现在都已经离开了，但我仍然会坚守，直到最后一块化石被发现。"

他另一只手里握着的是一根细长的棕色指骨。"直立人的，"他说道，"这属于我的某位祖先。他生活在 150 万年前，我们猜测他死时只有 10 到 12 岁。"

●1988年，卡莫亚·基谬在肯尼亚北部发掘"图尔卡纳男孩"的场景。照片由科特·施塔格拍摄

接着，在一段长到足以让我消化这些信息的沉默之后，他眨了眨眼睛说："其实也是你的祖先之一。"

从地上撬起这样一片远古人类的化石，可以告诉很多关于你自己的故事。最明显的一点可能就是提醒你，在你的体内也有一副类似的骨骼。同时，这也说明你的血统可以深挖到地质时期，因为你的身体有着史前人类的基础，并且死亡始终是生存最终不可避免的结果。也许有时候这会让你陷入沉思，那就是在遥远的未来，会不会也有某个人将你的尸骸也用这种方式发掘出来。与此同时，这些结构由矿物质构成的远古骨骼和牙齿也在提醒着你，你的骨骼其实是精加工的泥土。

在漫长的历史中，牙齿之于哺乳动物，就如人造工具之于人类。犬齿会刺入咬紧，臼齿用于切割磨碎，而门齿则用于咬断啃啮。不过骨骼也是维持生命的关键，它们保护着你的组织免遭冲击，给你的肌肉提供支点与杠杆，让你可以站立、行走、说话以及操控各种事物。它们还是钙和磷的储存库——这也是两种非常重要的元素，以一种被地质学家称作磷灰石的矿物形态构成了骨骼与牙齿中的大多数质量。

在嵌于花岗岩时，磷灰石通常是微小的蓝色晶体，而在水下沉积物中，它们则是有光泽的黑色矿石。不过在龟壳、象牙、鹿茸或是你的身体中，大多数生物性的磷灰石都是象牙白色。每一片微晶就像是原子堆积起来的珠子，主要由钙原子和磷原子再掺入氧原子构成。晶格结构中的不规则性也给其他原子"游客"提供了空间，故而磷灰石是已知矿物质中最多变的几种之一。它的名字来自一个希腊单词，本义是"欺骗"，而它的多变性也使得它可以在人体内扮演多个角色。

钙原子与磷原子都可以和很多元素进行结合，可以是两者都有，也可以是两者之一。蛋壳、贝壳以及珊瑚礁中呈白垩状的碳酸盐胶结物，由钙、碳、氧三种元素构成，而单独的钙离子可以帮助协调你的心跳，并有助于凝血功能。磷元素使你的基因骨架变强，并可以帮助你储存或释放食物中的能量。不过更确切地说，是钙与磷合作产生的磷灰石才更强有力地支撑了你的身体。

图尔卡纳男孩指骨中的原子当然也不是这个男孩自己制造的。和你的原子一样，它们是在太阳系形成以前的某颗恒星上形成的。几十亿年之后，蒲草和灌木将它们从土壤中提取了出来并传递到食物链中；终于，就在图尔卡纳湖岸边再次和它们土地中的伙伴重聚前不久，它们结晶到了这个男孩的手指之中。如今从科学的目的出发，我们很珍视这些古老骨化石的价值，就像这位已故的小主人很珍视它们一样，只不过他更多是从个人角度看待的。

这便是钙与磷的传奇，将我们与山石风化和森林生长联系起来。从本质上讲，它们也让你和我，以及卡莫亚·基谬与这位不幸的史前男孩之间都有了关联，尽管后者的骨骼已重新回到了它们起源的非洲大地。

你的骨头是活的

和你的指纹一样，你骨骼的原子构造也是独一无二的。尽管它们看上去有点像毫无生气的棍子或石头，但事实远非如此。你的骨骼是活着的，它们会根据你的环境和生活习惯做出动态反应。

你是否曾经骨折过？折断时的巨大痛苦正说明在骨骼上嵌有敏感的神经。

骨折最终痊愈了吗？如果你的骨骼只是没有生命的石头，那么任何损伤都是永久的。

那么，是不是日常生活中的扭曲、冲击以及其他压力几乎都不会造成骨骼的明显损伤呢？如果你的骨骼只是像水泥似的简单构成，就跟骨瓷（一种由含硅矿物质与骨灰粉混合而成的瓷质材料）一样，那么它们会非常容易碎裂。很显然，这些躲在体内常年不见天日的硬骨头，远不是看上去那么简单。

在去除脂肪的骨骼干物质中，大约有2/3是石质的磷灰石，平均占成人体重的3%～5%，基本都隐藏在体内不能被看到。我们一般只会在受伤或是使用X射线时才会注意到骨骼，而且每每想起206根骨头排列的完整骷髅时很难不让人联想死亡。与牙齿不同，你通常不会看到自己的骨骼暴露在外，除非遭遇很严重的不幸。尽管如此，我们还是可以变换一下想象力的焦距，近距离地看看这种支撑你肉体的不寻常物质。

食指的横截面是个不错的起点。当你使劲用另一根手指压住这根指头时，你可以透过表层的皮肤感觉到这根骨头。如果将它取出来——再说一遍，这只是想象一下——放在手心，那么表面上看，它就像是一根奶白色的树枝，而非图尔卡纳化石那样的棕色。

在指骨化石中，矿物质原子已经用它们自己的方式进入了骨头中，从而改变了原有的颜色和密度。直到近期，古人类学家都认为这种替换是严格的化学过程，但最新的研究表明，细菌也能完成其中很多工作。2010 年《古代》（*Palaios*）杂志上刊登了一项研究，其中有一个实验是牛骨样品在河沙中的置换过程，一部分样品中添加了抗生素而其他则是空白样。3 个月后，在含有细菌的河沙中，牛骨已经被大量矿化，这有别于无菌环境中的样品。结合对图尔卡纳化石的精确分析数据，这一有关化石矿化过程的最新解释，可以揭开更多图尔卡纳湖岸在 100 多万年前发生的故事。

尽管我们还不能肯定男孩死亡的原因，但他的骨骼和牙齿还是可以反映他的精确年龄，同时也可以判断他的性别与身高。四肢前端尚未完全发育的关节以及没有完全长齐的牙齿，说明他的年龄在 7 ~ 15 岁。较宽的颅骨说明他是男性，而根据他的臂骨与腿骨可以测算其身高大约是 5 英尺 4 英寸（1.62 米）。尽管作为小男孩来讲算是相当高了，不过他还不能算是现代人类。直立人骨盆的特征说明，当时女性的产道还太小，不能容纳现代人类婴儿那么大的头颅。

骨骼没有被咬过的痕迹，说明图尔卡纳的这个男孩并没有被捕食者当作晚餐。一根破碎的肩胛骨说明他被一个或多个大型动物踩踏过——根据浅水中存在的鱼骨及其他证据推测，肇事者可能是河马。杂乱无章的现场暗示，他的身体是面朝下方栽入水中的，细腻的淤泥将其覆盖，尸体随后开始腐烂。细菌将骨骼中的胶原蛋白、细胞和血液消化殆尽，并将矿物质遗留其中，填补了有机物曾经占据的空间。红细胞中的铁原子与很多种蛋白质中的硫原子相结合，将一些代谢细菌埋入了黄铁矿小颗粒的坟墓之中。骨骼毛细管以及潮湿沉积物中的其他铁原子则给化石抹上了铁锈色。

在近千年的时间里，曾经多孔的骨骼变得像是致密的棕色陶瓷，如果你跟我一样，也敢到附近找一片河马的脊椎化石，那么你真的可以"听到"这男孩的骨骼到底发生了多大变化。当我用河马化石敲击一块石头时，它会发出一阵美妙的声音。而新鲜的骨头有很多微孔，其中充满了有机黏液，敲击声会非常沉闷。

磷灰石从周围环境中置换原子的自然倾向，也让你自己的身体可以自我编辑。你鲜活的骨骼会含有一些天然的添加剂、轻微弱化的矿物基质，而骨骼中的干物质中有 7% 都是会溶于酸的碳酸根离子，这样必要时你的骨骼可以很容易修复或重新定型。同时，这也让骨骼成了一座便携式的采石场，当食物缺乏时，身体就可以从中调取钙和磷。

磷灰石在牙齿外层坚硬的牙釉质中形成较大晶体，相比骨骼，它能够更好地抵御磨损和化学腐蚀。形成这一结果有好几个原因：牙釉质含有的碳酸盐比骨骼中更少，故而不容易被口腔中的酸性物质溶解；氟原子填补到晶体结构的裂缝中，提高刚性的同时也使其更为稳定。饮用水和牙膏中添加的氟原子可以使之进一步增强，并取代那些被腐蚀性酸带走的原子。唾液中一种叫作釉护膜的蛋白质会在牙齿表面附着薄薄的一层，保护其免遭化学物质的腐蚀，同时也能防止膳食中的钙和磷与牙齿结合而像洞穴中的钟乳石那样生长。精致的蛋白质保护层也包裹了每一颗磷灰石晶体，避免发生断裂。

这些都是非常好的特点，毕竟你一生之中只能拥有这一套恒牙。一直坚守岗位的牙釉质是你身体中最年长的部分之一，早在你的乳牙"临时工"退休之前很久，它们就开始在你的双颚内部生长了，甚至有一些原子当你还在子宫里时就开始沉积了。

另一方面，你的骨骼还需要执行其他很多任务，它们比你年轻得多，是因为骨骼各部分平均每年会替换掉其 1/10 的细胞。相对较软的骨基质，可以帮助你的身体对你的生活状态做出反应，重新排布原子。为了能满足日常需求，每一根骨头内部结构的复杂性都不亚于一栋摩天大楼。

这个类比非常合理，因为高层建筑可能遭遇的风险，正是骨骼也同样面临的。一栋完全由混凝土构造的高楼非常脆，不可能矗立太久。解决这一问题的方法是将混凝土浇筑在钢筋骨架外面，这样建筑的强度就可以抵御大风或地震了。而在骨骼中的磷灰石内部，也包裹着由胶原蛋白构成的"钢筋"——一种强度巨大且富有弹性的蛋白质，给你的跟腱和韧带安上弹簧的也是它们。磷灰石与胶原蛋白结合之后，将你的骨骼打造成兼具强度与韧性的构架，从而让你可以拉拽、搬动或击打各种东西而不会骨折。

更仔细观察你的指骨表面，你会发现它其实是蜂窝状的，分布着微型的空腔、通道和管道，而且密质骨中看上去是固体的物质上其实却很潮湿，事实上，骨骼总重的 20% ~ 30% 都是水。作为一种不可压缩的液体，广泛分布的水可能也是增强骨骼抗震性能的因素。

在你出生的时候，你的骨骼多数是由软骨组成的而非磷灰石。这其实非常合理，因为软骨主要由蛋白质和水构成，比成熟的骨骼更有弹性，这样你就会更容易地通过产道。人体的骨骼需要到 20 岁左右才能完全硬化。

软骨到硬骨的转化过程，需要动用数百万的细胞发挥它们的"采石术"，从食物中提取钙原子和磷原子，并将它们填充到蛋白纤维的空间里。哺乳期的婴儿获取这些原料的来源是母乳，其中有一些含磷的酪蛋白与磷酸钙形成的细小悬浮颗粒。这些颗粒的直径正好可以通过人们所熟知的丁达尔散射现象散射蓝光，因此乳汁在撤去其中的脂肪后会发出微弱的蓝光。不断生长的骨骼中，蛋白纤维会继续给新的磷灰石结晶提供沉积位置，而它们生长的方向也映射出骨骼一些特殊部位最常遇到的压力。

晶格逐渐固化之时，勤劳工作的骨骼细胞发现它们被困住了。但这并非像监禁那样，但确实是重要的转变，它们从此有了"监护人"——每一个细胞继续生活在独立的小室中，跟家一样温馨。骨骼上的管道让血管离得足够近，从而向骨骼提供食物、水和其他"建筑材料"，并带走废弃物；腔室之间的通道中分布着神经元，可以帮助骨骼细胞与身体其他部位或相互之间传递信息。

一旦你的手指惹上结构性麻烦，你的骨骼细胞都会做好反应的准备。如果发生骨折，它们会用一种易于移动的磷灰石帮助伤口愈合，也就是所谓的"编织骨"，随后会被强度更高的磷灰石与胶原蛋白组成的"胶合板"所替代。扭伤和脱臼会使嵌入骨骼的细胞发生扭曲，并告诉它们需要加强对环境的反应，以防再出现类似的压力。而当哺乳期的母亲需要满足母乳对钙磷的更多需求时，她的骨细胞还会从骨骼中提取这些元素，以补充食物中的不足。

骨骼的活性特征使得每个人的骨头都是独一无二的，你的生活习惯也会在骨骼构造中得到反映。例如跑步者在运动时，脚底板与跑道之间会产生冲击，而肌肉也会拉伸足骨、胫骨和腿骨，因此他们腿部的磷灰石与胶原蛋白排列也会变得更为特殊，以抵抗这些外力的作用。骨骼海绵状的内部结构也可以重新构建，用于抵抗跑步带来的外力冲击，同时长骨骨壁也会增厚，从而提供更高的强度。由于蹲在冲浪板上产生的压力，冲浪运动员常常会在膝盖以下的胫骨位置形成"冲浪瘤"。网球运动员握拍的那只手臂，臂骨也会比另一只胳膊更强健。此外，一项发表于《美国运动医学杂志》的研究称，军队新兵在服役前经常打篮球的，不太容易在基础训练期间出现胫骨骨折。这个过程反过来也是成立的，例如宇航员在太空中处于失重状态，骨骼强度就会下降。

其实这看上去还蛮奇怪的，因为构成活性骨骼的成分跟石头并无太大差别。你当然不会单纯地将一副骨架称为人，但你也绝不会认为那只是一堆人形的矿物质。可以说，它模糊了生命与非生命之间的界限。

你的骨头来自岩石

20 世纪初，当阿尔多·李奥帕德还只是一名年轻的丛林探险家时，他在亚利桑那州东部的山区里经历了一场顿悟。他所著的《沙郡年记》于 1949 年出版，尽管当时他已离世，但这本书还是激励了一代又一代的生态保护者和环境学家。书中，李奥帕德讲述了一个故事，这发生在他与同伴射杀了一群正在猎鹿的狼之后：

> 我们及时追上那匹老狼，看到凶狠的绿火在它眼中慢慢熄灭。看着它的双眼，我突然明白了很多事——在过去只有它和大山才明白的事。我那时还太年轻气盛，心里全是扣扳机的冲动。我曾经觉得，狼少就意味着鹿多，没有狼就是猎人的天堂。然而当我看着那两团绿火熄灭时，我感受到，不管是狼还是大山，都不会同意这样的观点。

绿光的故事是李奥帕德的书中最广为人知的文章之一，而它的寓意也让《沙郡年记》中提出的土地伦理广泛传播。这个故事也揭示了狼群与大山之间的原子关系，而我们人类和这个星球，以及其他各种生物之间也存在着同样联系。这层关系就是光合作用的"绿火"。

数亿年来，一代又一代的植物将它们的生命绿火向外传递。它们同时也通过食物链向外传播能量和原子，将土壤和植物、鹿群以及狼群联系了起来。从原子角度来说，老狼眼中的生命之火，来自它与它生活的这片土地间的元素关系，也来自它与养育它的猎物的那些植物的关系。对你而言也一样，严格从原子角度上说，你之所以能够存在也是因为这些植物。往回追溯你体内原子的踪迹，你能发现它们大部分都来自土壤。

你每一次呼吸时从空气中抽取的氧气，都是松树、棕榈树以及矮牵牛这些植物的产品，当然也离不开海洋中浮游生物的帮助。构成你体重近 1/4 的碳，几乎都是玉米、小麦或它们的亲戚们从空气中获取的。就算你从不吃一口面包或沙拉，你也仍然会通过消费动物食品，吃下它们先前吃下的植物原子。你体内的大多数水分都曾在叶子或茎中待过一段时间，或是由你体内的呼吸细胞利用植物产生的氧气代谢而来。而在人工合成化肥被发明以前，你祖先的蛋白质和基因，其中的氮原子也主要由植物根瘤菌固定而来。

你体内的哪些原子未曾在植物体内待过？将你体内的水分除去，你会变成一具木乃伊；如果再除去碳和氮，你就成了一捧骨灰。但即便是这些骨灰，也和植物世界有关。你血液中的铁和盐是植物根部从土壤中吸收的，你骨骼中的钙和磷也是如此。

不管你觉得自己是如何自给自足的，你其实还是像孩子依赖父母那样，需要依赖植物的生命绿火。我们也许时常会觉得，树根无非就是树木用来抵御狂风的缆绳，但事实上它们和你的骨骼一样，远比看上去更复杂。森林在地下的缠结，无论是延伸性还是繁忙程度都不亚于树冠，而且它们是连接你和地球岩石骨骼的桥梁。

下一次当你有机会可以仔细看看山坡时，多关注一下上面的植被吧。如果你来到亚利桑那州阿尔多·李奥帕德遇到狼的那个地方，那么你会看到瑟瑟的白杨与芬芳的松树遮盖了此地大部分地质地貌，而色彩柔和的地衣像油漆一样，洒满峭壁与岩石。从远处看，这是一片静谧的场景，但如果让你站到那些植物生长的位置上，你恐怕就会吓得屏住呼吸了。

这片森林正在将整片地貌撕裂。

注意这些岩石表面的裂纹。树木、灌木和地衣并不像花园中的花儿一样，仅仅是覆盖于其上——它们正在将岩石凿开，从中吸取养分，并将它们撕成碎片。

这便是石块变成尘土的过程，第一步就是将矿物质原子释放出来传递给生命王国。风雨、河流还有冰雪也会做同样的工作，但直到4亿年前第一片大型森林出现之后，植物对地壳的雕琢才达到了可观的规模。

在亚利桑那州以东数千英里的缅因州沿海地区，类似的技术曾长期用于花岗岩工业。19世纪到20世纪，在一群新英格兰采石匠的努力下，经过新英格兰地区一个寒冷的冬天，巨石从支撑它们的基石上自动掉落，随后被用于建造布鲁克林大桥和纽约股票交易所。

尽管用于路牙或台面的花岗石看上去异常坚固，但构成它们的那些多彩颗粒却并没有很强力地融合在一起，只不过是挤压在一起罢了，在水分的作用下，它们的接触就会松动。花岗岩就像是一块石化的麦片粥，其中成分主要有玻璃质的石英颗粒、闪闪发光的云母片、粉红或白色的长石，以及各种黑色矿石。在合适的条件下，这一松散联盟远比你想象的更容易瓦解。

在缅因州的采石场，工人将楔子砸入岩石的天然裂缝中，将水倒入任由其结冰。因为冰会膨胀撑开缺口，楔子便可以钉得更深。如此循环下去，直到整个大块石头松动。当植物与水采用类似方式组队时，便有了自然界的缅因州采石场。

在温暖的季节里，植物须根的根尖伸入石块缝隙中将它们楔开，整个摸索过程几乎像手指一般精确。随着白天或干燥季节的蒸发，根部直径会收缩 1/3，这样根尖就可以更深地探入裂缝，直到潮湿期来临时再次膨胀。根部随着树龄增长而变粗，最终也能撑碎卵石；冬天的冰膨胀，让裂缝撑得更大；此外，石块的外边缘与基岩具有热胀冷缩效应，让石块的弱化变得更加彻底。

花岗岩的分解也会在原子尺度上进行。雨雪中通常含有较弱的碳酸，可以瓦解矿石颗粒的原子结构，将它们部分溶解并带走钙、磷以及其他元素。含铁量高的颗粒会生锈，并给岩石染上色彩 —— 研究认为地球上有大量氧元素都被这种方式固定住了。有时候，你甚至可以用手捏碎高度风化的花岗岩，因为其中的长石都被粉碎成了黏土，剩下的石英颗粒就跟松动的牙齿一般，在稀烂的基质中失去了支撑。

●1988年，卡莫亚·基谬在肯尼亚北部发掘"图尔卡纳男孩"的场景。照片由科特·施塔格拍摄

这与你的骨架又有什么关系？

这些岩石的风化，最终为你的骨骼提供了钙和磷。你体内的大多数矿物质原子都从地壳而来，而且很可能是靠植物的手 —— 或者说根来实现这一过程的。

170

石头、植物与人类之间的原子关系并不太容易被观察到，这种不可见性也掩盖了地球上生命之间一些最值得关注的内在关联。岩石风化后的尘埃相互混合，通常会成为动植物的灰分。李奥帕德笔下狼眼的绿火从原子的土壤中产生，你自己眼中的闪烁也不例外。

隐藏在地下的原子交易市场

如果你乐意，这一次不妨想象一下你来到另一座位于新罕布什尔州的山脉，跪在松树林中柔软而芬芳的地面上，徜徉在斑驳陆离的阳光之中。既然你正准备探索脚下的大地，那么请记住一点，土壤是活的，而不只是古老的沙子。它是矿物质与有机质构成的动态混合物，就跟你的骨骼差不多，同时它也是活着的，地质与生物圈在它的内部共同进化，个体与群体的界限正在变得模糊。

这片特殊的土壤是一层层墓地，而新的生命就孕育于其中。前一年的针叶与树枝混杂成一片软松的棕色地毯，越往深处则越紧密。细菌与真菌正在逐个分子、逐个原子地拆着这片地毯，于是当你向下挖到更古老的地层时，你也能看到渐变的降解过程。

将一些松散的碎屑刮到旁边，你会揭开一片黑色焦油状的沉积层，这全是因循环作用被洗到下层的有机质，可以看作一种浓缩的深林老汤。这里有各种微生物产生的废液，含碳化合物以及其他曾经存在于生物体的物质都聚集于此。在这层黑色物质与沙砾层之间，是多彩的带状混合区域，土壤在有机酸的漂白下形成了灰状白色石英，而更深层的颗粒则被铁锈给染了色。

跟你的骨骼一样，森林土壤将岩石元素与生命物质混在了一起。一小捧这样的土壤里，就可能包含数十亿个细菌，它们附着在脱落的叶片上，挤进颗粒之间的缝隙中，吃的是从上面流下来的养分，就像那些引起蛀牙的细菌在你牙齿上钻洞那样，掏空了矿物颗粒。根尖上的黏液和死细胞也成了这场盛宴的一部分，而原生动物则潜伏在沙土颗粒之中，以细菌为食。比丝线更为纤细的线虫在原生动物身后蠕动，却不料又被黄雀在后的螨虫与昆虫当作了美食。

在这个微型世界中，一颗来自野花或是云母片的原子，就如同是地下经济网络中的一枚硬币，在一些世界上最小型的生物间进行着交易。然而这张交易网络不过只是一个角落，它隶属于一张更大的交易网络，后者不仅维持了土壤生态圈，也养育了你。连接着植物与地球的树根，也将植物跟一个发散性的真菌纤维网络连接了起来；而这一地下关系网中的物质流动和我们人类的交易模式非常相像，以致生态学家都开始用经济学术语来描述它了。所有的植物种类中，有 3/4 都依赖这个"植物—真菌交易市场"生存，并形成合作联盟帮助它们更好地利用和分享资源。土壤之下埋藏的这个网络被称之为"菌根"，这也是一个源于希腊语的术语。

2002 年，一支由环境学家乔·布鲁姆（Joel Blum）领衔的科研团队在《自然》杂志上发表了一项位于新罕布什尔州哈伯德布鲁克实验林的惊人发现。采用同位素示踪法对山区分水岭上土壤与食物链中的矿物原子进行跟踪，他们发现了一些奇怪的现象。土壤样品中大多数钙离子都来自长石颗粒，但森林树叶中的大多数钙离子却是提取自更为罕见的磷灰石颗粒，但土壤中磷灰石所含的钙只是土壤总钙量的 1/10。然而更为奇怪的是，树木并非自己去提取这些原子，而是依靠各类真菌去挖掘这些矿产。

你也许会在森林或草坪上注意到很多蘑菇，它们看上去很像是植物，但从很多方面讲，它们其实和你更像。它们并不会捕获阳光并产生氧气，而是吸收有机质并释放二氧化碳。不同于那些用于吸收阳光的树冠，蘑菇的菌伞不过只是临时的孢子发生器。真菌的主体部分被称作"菌丝体"，是一团埋于地下的丝状活体，依赖于土壤生存，一旦到了需要撒出孢子的时候，它就可以生长出数目不定的肉质菌伞。菌丝比棉花纤维更为纤细，但它们的延展性惊人，绵延数英里的菌丝也许只需要占据一小撮土壤。

2003年，森林病理学家布伦南·弗格森（Brennan Ferguson）和他的团队经过研究发现，在俄勒冈州东北部，松蕈属真菌的菌丝破纪录地在树林下方铺展超过了3.7平方英里（9.6平方千米）。"秋季，在森林的地面上很容易看到这种真菌生长出来的金黄色蘑菇簇，"研究人员在报道中进一步解释道，"考虑到它的真实尺寸和对森林的影响，这些蘑菇只不过是冰山一角。"

有时候，菌丝纤维会深入树根内部并寄生于其中，但在这种情况下，它们反过来是从菌根中抽取营养。一个树根上可以有很多不同的真菌，同时每根菌丝都可以跟几码以外的树木和野花分享它们的生命分子。有些时候，真菌与树根会运用化学信号征召对方加入网络的建设，就像是连接母亲与胎儿间的胎盘那样。这样的真菌联盟可以使树木吸收的磷元素增加两倍，而且有些真菌甚至可以杀死并消化土壤中的昆虫，再将它们的原子通过树根输送给邻近的树木。

哈伯德·布鲁克所研究的真菌"矿工"，会渗透到土壤深层寻找磷灰石颗粒。当发现矿产之后，它们会利用消化性的化学物质及酶作为工具"开采"其中的钙和磷。不过这些石头吞噬者并不会简单地储存它们的战利品：它们利用任何自己不能消费的元素跟上方的植物进行交易。

通过对树叶进行分析，研究者发现云杉与冷杉针叶中所含的钙，95%都是由开采磷灰石的真菌"贩售"而来。枫树与蕨类植物的叶片中，也有接近2/3的钙元素来自磷灰石，剩余部分都是从腐烂的茎叶中获取，说起来也是早些年生长季时被开采和交易的矿产。

那么植物需要回馈给真菌什么呢？基本都是糖。不同于真菌，植物的叶片中，储藏了大量由阳光、空气和水转变而来的富含能量的糖，当树根从菌根交易市场带回水和矿物质时，同时也将糖交换了出去。

这样的交易方式也让欺骗行为变得有机可乘，一些物种便混入市场中做起了没本钱的买卖。杓兰（Lady's slipper）那细小的种子并不会跟向日葵种子或橡树种子一样，为胚胎储备常见的淀粉大餐。它们全都依靠慷慨的真菌资助，直到胚芽成长到可以自给自足为止。通体象牙白的水晶兰（Indian Pipe）甚至都懒得去制备让你认为它是植物的叶绿素，它们接受真菌的施舍却不回赠任何东西。

为什么欺骗不会导致整个系统崩溃？很显然，一些原子交易者可以区分这些白吃白喝的家伙并予以惩罚。

生态学家托比·吉尔斯（Toby Kiers）与他的团队曾在《科学》上发表的成果证明了这一点：他们先在实验室中用培养皿让真菌分开生长，然后再将它们挂到三叶草上。由于不同真菌获得的磷元素总量不同，结果那些只能提供少量磷的真菌，从它们的植物伙伴那里获得的糖分还不到那些高磷真菌的1/10。不管怎么说，植物都会保持跟踪，并拒绝与骗子进行交易，尽管同一片树根上生长着很多种真菌。反过来说，树木提供的回报越少，从真菌那里获得的磷也就越少。

这种合作系统颇有些像最具有生产力的人类社会。规则的执行是双向的，并基于报酬而定，而双方都可以自由地跟多个对象进行交易，也可以随意更换交易伙伴。在文章的结束部分，作者总结道："这个案例清晰地展现了，在人类社会以外，类似于市场经济的合作模式是如何被确立下来的。"

类似的植物—真菌合作关系在更居家的环境中也会经常发生。你窗台上的花会和真菌共享土壤，而你菜园里的蔬菜甚至会利用一种真菌互联网互相交流。《公共科学图书馆期刊》近期的一篇报道称，西红柿可以通过监听它们之间的真菌来掌握其他同类的健康状况。当有西红柿被病原体感染后，它们会向真菌网络中释放信号分子，附近的其他西红柿因此做出反应，这样就会有足够时间启动免疫系统，避免自己被感染。《生态学快报》在2013年刊登的一篇文章则提到，豆类植物也可以通过共享的真菌网络释放分子信号发出"警告"，让附近的植物做好准备，抵御即将到来的蚜虫的袭击。

如果没有这种地下的"采矿"及"商业"系统，只靠缓慢风化的石头吝啬地提供矿物质原子，大多数植物都将无法生存。同时由于世界上很大一部分蔬菜最终都成了食物，所以这一钙磷交易市场最终也让你和其他人从中受益。

不过因为菌根系统是个双向交易市场，土壤与生物之间的原子流动也是双向的。因此，不仅是矿物质产生了生物组织——几十亿年来，生命也生产了一些独特的矿物质。

生命也能创造出矿物

罗伯特·哈森（Robert Hazen）是少数几个名字被用于矿石命名且目前还健在的科学家之一。在过去的40年中，他写下了很多文章与著作，话题从生命起源谈到晶体的生长与演化，此外他还有一项与此平行的职业生涯，作为交响乐小号手接受卡内基学院与乔治梅森大学的联合邀请。他在个人生活中兼顾着科学与艺术，同时也探索着生物圈与地质圈的内在联系，看起来他也应该接受生物圈与非生物圈的联合表彰。

2008年，国际矿物学协会核准了"哈森石"这个名称，代表一种最近在加州莫诺湖碱性水域中发现的石头。这种石头是微生物的杰作——细菌从盐卤中获取磷、盐和水，并将它们堆积成微型晶体。其中不可或缺的磷从上游河流中被冲刷到了莫诺湖；随着水分甩下它们蒸发到了干燥的沙漠空气中，这些磷就在饥饿的细菌体内滞留了下来。

哈森提出了一种全新的概念解释地球与生命的关系，就像他在为《科学美国人》所写的文章那样："如果你认为一切非生命世界是生命表演其进化大戏的舞台，那么可以再多想一想，其实演员一直都在改进着舞台。"与岩石在为骨骼与贝壳提供原子一样确定无疑的是，有机体释放出的原子也在创造着那些无生命星球上肯定没有的矿物质。哈森继续写道："坚硬的矿物质不同于脆弱的有机质，它们可以刻下最有力也最长久的生命存在证据。"

哈森估算，数十亿年前，我们太阳系这些多石的内行星由星际尘埃凝聚而成时，大约有250种矿石。它们中有很多也存在于陨石中，例如橄榄石和锆石。随后，地壳的风化与部分熔融作用产生了一些新的元素结合体，原始岩浆中产生了一些火成岩，矿石种类也迅速增长。但更为戏剧般的变化大约发生在20亿年前，具有光合作用的生物遍布到了整个海洋。

作为海洋版的"绿火"，蓝藻向海水中释放了大量氧气，海床上曾经是黑色的含铁化合物因此而生锈。海洋中的氧气又逸散到了空气中，于是陆地上的岩石与沉积物也生了锈。哈森和同事们估测，这次大氧化事件共产生了超过2500种新矿石，要不然它们都不会大量存在。其中有赭石和铁矿石、生石膏和熟石膏，以及200多种不同的铀氧化物。当构造板块相撞并陷入地幔以下时，它们会携带大量海洋生物的残体，在高温高压下融化、溶解或蒸发。比方说碳原子，它们可以从空气进到树中，随后又在菌根体系的蘑菇中再次出现，而以钻石形式重新冲出地壳的海洋碳原子也一样——曾经它们也是活着的，就和现在把它们戴到手指上的人类一样。

随着水生生物进化出了防御性的硬质部位，生物性矿石也开始在海洋中沉积。微生物产生的磷灰石颗粒在海底淤泥上凝结，而早期海洋巨兽富含磷灰石的口器和骨骼，其进化过程也可以帮助解释，为什么如今你的牙齿和骨骼会含有如此多的磷酸钙。不过最壮观的还是珊瑚与贝壳生物出现之后所产成的巨量生物沉积质——在过去的 5 亿年中，一代又一代的珊瑚虫、贝类以及浮游生物在海床上堆积着石灰质碳酸盐与霰石，其数量之巨可以从太空中看到它们。喜马拉雅山脉、阿尔卑斯山脉和阿巴拉契亚山脉上都布满了古代的海底石灰石，英国的多佛白崖则是由贝类生物的遗骸形成的，而澳大利亚沿岸的大堡礁更是超过了 1600 英里（2575 千米）。

海洋中这些由生物所产生的矿石也固定住了大量温室气体——二氧化碳，通过弱化温室效应，使得古生代的气候变冷。在古生代晚期，森林从空气中吸取了更多的碳，并以煤炭的形式将数千亿吨的碳雪藏到了地下，而这种可以燃烧的石头如今又被我们送回了空气之中。

产生于空气与岩石之间的植物绿火，十倍以上地加速了地貌风化。2008 年，地质学家菲利普·阿伦（Philip Allen）在《自然》

●这只鹿的头骨，其中的钙原子从它吃过的植物中来，植物又是从土壤中获取了它们，而土壤又源自纽约州谢齐附近的石灰质基岩，这些岩石则是大约 4.5 亿年前从一片珊瑚礁群落沉积而来。在地下埋了多年之后，石头上远古的蜗牛遗体还清晰可见，如今它们壳中的钙质通过当地的植物又送到了鹿的骨骼与牙齿之中

发表了一篇文章，描述了陆地风化的惊人变化。每年都有超过 200 亿吨的岩石碎片被冲入海洋，此外还有几乎等量的矿物质溶于其中。对地貌如此大规模的雕琢，也促使地壳自身产生更大规模的运动。近期《地球系统动力学》刊登的一篇文章中，有德国科学家认为，树根与真菌正在将大陆板块磨得更碎，地壳的封闭重量与隔绝性都在不断下降，作为反应，地球的熔融地幔也会更加强力地爆发。如果这一假说正确的话，那么陆地将会漂浮、碰撞、地震，这都是因为上面载着树木和蘑菇。

鉴于生命具有改变环境的倾向，我们应该不会对我们自己做的事情感到过于吃惊了。很多人都在关注我们对世界造成的影响，认为我们破坏性的行为正在威胁着生态平衡。这种关注固然是合理的，但有些时候，不平衡也是地球上存在生命的正常迹象。

想一想森林制造的大量氧气，植物与真菌对地貌的快速风化，以及巨型珊瑚礁的生长，这些都深刻地改变了地球。植物从太阳中获取能量，将水分子撕开，从地下吸取流体和矿物质，并支撑起一个令人难以置信的多样化生物圈。如今，我们正在利用大脑、机器还有矿物质构成的各种建筑物，保持传统，跟随我们的远祖物种实现着类似的丰功伟绩。不过这也带来一个老生常谈的问题，那就是我们人类是不是真的跟自然界的其他物种不一样？我们为了生产化肥而商业化开采磷矿，与哈伯德·布鲁克所描述的真菌开采磷灰石究竟有多大区别？既然植物可以改变这颗行星的地表，开展自然资源贸易，改变大气中的化学构成，那为什么我们就不行？

单纯从原子角度看，也许可以认为这没什么不同。跟所有生物一样，我们利用地球上的原了构建并维持着我们的身体；并且我们也像其他所有生物一样，在对结构与外形进行或多或少的修饰之后，又最终将它们还给了地球 ——最大的区别或许是，我们具有理解自己行为的能力。因此，这就给我们的行为增加了一道伦理的评判尺度，尽管很多行为我们认为都是基于人类特有的伦理观，但对于人类以外的生物也还是具有实际意义。

作为一种社会意识，我们的祖先学会了依赖合作而生存，但是在地下网络中，尽管植物和真菌都不具有意识，但也还是通过分享资源获得繁荣。合理的行为准则有利于稳定我们的社会，但是在植物—真菌市场中，长期以来也依赖公平交易法则得以维持。不管你如何笃定人类是如何独一无二，有件事都是确定的——我们的原子性质让我们和其他物种一样，都是地球生态系统的一部分。至于我们行为的伦理含义，阿尔多·李奥帕德对这个问题给了一些明智的建议："如果一件事是为了保持生物圈的完整性、稳定性以及美观性，那么它就是正确的，反之它就是错误的。"

当我们正在以日渐增长的规模开采资源，同时也在让这日益拥挤的世界淹没于我们的废弃物时，理解生命的元素循环，就变得和我们原始人祖先直立姿势的进化过程同样重要。因此，这是一件重要而又快乐的使命——尽可能从原子的角度看懂自己。

第八章　增长的极限——磷

农业学家手中握着一把钥匙，可以打开富人的钱柜和穷人的存钱盒；自然法则迫使我们每个人每天都需要考虑摄入几盎司的碳和氮，任何政治事件都不能对其影响分毫。

——尤斯图斯·冯·李比希

（Justus von Liebig，德国化学家，有机化学创立者）

我们或许可以用核能替代煤炭，用塑料替代木材……但对磷来说，却没有什么替代品。

——艾萨克·阿西莫夫

（Isaac Asimov，美国著名科幻小说家，曾提出"机器人三定律"）

俄勒冈州的上克拉马斯湖（Upper Klamath Lake）是一个未开发的生态系统，这里生产着一种神奇的物质，能够治疗你的疾病，并供养这个世界——至少根据"细胞科技"公司的说法是这样的，他们是最早几家从绿色湖水中滤出绿泥的公司之一。他们给自己的神奇产品起名为"超级蓝绿藻"（Super Blue Green Algae 或 SBGA），声称它可以增加活力，给身体排毒，增加营养，并促进儿童生长发育。

后来，这家高利润的公司因涉嫌多项违法行为而被起诉并关闭店面，所涉罪名有虚假广告宣传，以及一宗由受害者家属上诉的过失致人死亡案件——一位名为梅丽莎·布莱克的 SBGA 使用者因器官衰竭于 2003 年死亡。今天，如果你自己还想试试上克拉马斯湖的神奇产品，还可以从一些公司订货，他们依旧在湖边开采或是从全球数千个家庭作坊收购蓝绿藻。不过你最好还是三思而后行，先参考一些科学上可靠的报告，报告中警告这些从湖里收集的野生浮游生物可能含有病原体、神经毒素、肝脏毒素以及其他感染物。

为什么要吃绿泥？先把这个最显而易见的问题放到一边——另一个最让人好奇的疑问是：为什么上克拉马斯湖的湖水会如此之绿？很多公司的促销资料都声称，由于该湖泊没有被人类破坏，同时又含有大量肥沃的火山沉积物，微生物在此自由而茁壮地生长。不过这样一个地方的生物，其原子特征的深层意义却可以得出其他不那么动人的解释。

上克拉马斯湖变绿的过程很值得从原子层面上进行探究，这不仅是因为其生态过程以及背后充满人情味的故事很迷人，更是因为这关系到我们全球的增长极限。这个故事的主角是磷，由于它在有氧气存在的时候具有发光的趋势，因此古希腊用它给启明星命名，用磷代表光明使者。与我们之间的复杂生态关系，使这种元素成了一个导火索，它引发了一场激烈的辩论——地球到底可以承受多少人口，我们如何提高粮食产量，甚至我们如何洗衣服。

蓝藻生长的木桶效应

19世纪期间，德国化学家尤斯图斯·冯·李比希提出农业革命的概念，并淡化了生命世界与非生命世界之间的界限。

1815年，由于印度尼西亚坦博拉火山爆发，北半球被火山灰形成的阴云笼罩，从而使欧洲遭遇了一场"无夏之年"，大量粮食作物绝收，当时年轻的李比希目睹了这场大饥荒。后来，当他当上吉森大学的教授时，他便致力于开发家畜粪便以外的化肥生产方法。不过，虽说李比希还发明了"李比希肉精"，并且如今这种装在方盒中的肉类提取物行销全球，但他最容易被人记起的还是"最小定律"，意思是说：植物生长的限定因素，取决于供应量最短缺的营养物质。

忽略其精确性，这一概念的部分主张就是李比希经常打的比方——木桶效应。他将耕地产出能力比作木桶盛水的容量，木桶由一根根不同长度的木板垂直拼成，那么它在溢出之前所能装的水量，取决于最短的那根木板，而粮食增长的极限就是最紧缺的资源被消耗完的时候。例如，在坦博拉火山喷发的余威之中，阳光成了欧洲农场的限制因素；同样，过去的农业受制于季度性泛滥以及家畜的排泄速度，氮元素往往是局限因素，而工业化固氮技术则加长了这一块短板。

李比希开创性的研究成果后来也让弗里茨·哈伯开发氮肥有了理论基础，而他的最小定律也启发了今天的农民，告诉他们为什么合适配比的氮磷混合物对于维持粮食生长是必要的。这条定律有助于解释上克拉马斯湖的变绿过程、水下沉积物的恶臭，以及席卷全世界海岸线的有毒赤潮。

尽管李比希的工作着眼于农业中的氮元素，但后来的研究发现，对水生生物的增殖而言，磷元素扮演着更为重要的角色。1973 年，生态学家大卫·辛德勒（David Schindler）和同事们来到奥兰多南部的一座偏远研究站，在实验湖区（ELA）的 226 号湖泊中央，拉起了一张塑料阻隔帘。阻隔帘的一边，他们加入了碳氮元素均很丰富的肥料，而在另一边，他们在这种肥料之外又添加了磷元素。几天后，他们的实验结果就算在飞机上都能看得清清楚楚：一边湖水还是蓝色，而另一边已经变成满是浮渣的绿色，这非常有力地证明了李比希定律。

在这个案例中，磷元素就是决定浮游生物生长的那块"营养短板"。在湖泊之中，磷元素通常都很难获取，因为大多数磷都被锁定在岩石或土壤之中，或是被深埋在难以企及的湖床之下，这种稀缺性也和它在宇宙中总体相对较小的丰度有关。在我们的太阳系中，磷原子的数量大概只有氢原子的三千万分之一，相对于其他主要的生命元素，丰度也只有几百分之一。如今，支撑水下生物链的浮游藻类从它们漂浮的水体中获取磷元素，如果水中溶解的磷含量降低时，浮游生物也会减少。

对你我而言，野外湖泊中清澈湛蓝的湖水看上去会显得更正常也更诱人。但从浮游生物的角度看，这还是一片等待开发的处女地。当混合物中没有磷的时候，过剩的氮和碳对于226号试验湖中的藻类没有任何作用，就像燃料不充足的壁炉起不了什么作用一样，而加入关键组分，就像是在阴燃的煤炭上泼了些打火机油——从生物学的角度而言。当这种生命必要元素突然变得绰绰有余时，微生物的数量便呈现了爆发式增长，就跟农业现代化之后的人口剧增一样。

辛德勒针对磷的研究在禁用含磷洗涤剂的过程中扮演了主要角色，在这之前，家庭与企业向河流湖泊倾倒的这些洗涤剂，引发了令人讨厌的藻类暴发，就和226号试验湖里发生的事情一样。如今，磷元素已明确被列为施肥草坪、农田以及污水源中的问题元素，以帮助保护水质。

从另一个意义上说，在226号试验湖进行的研究还与上克拉马斯湖相关。辛德勒发现，向湖泊中添加磷元素不仅会刺激浮游生物生长，而且某些特定种类会生长得更快。在试验湖中，磷元素让那些可以自行固氮的物种有了优势，而蓝藻作为一类特别令人讨厌的固氮生物，通常会霸占整个湖水，并获取更多磷元素。

蓝藻很像藻类，但它们却隶属于完全不同的生物类别，与真正藻类之间的差异不亚于杜鹃鸟跟杜鹃花之间的区别。生物学家曾经管它们叫蓝绿藻，直到进一步研究了它们的细胞之后才将其划分到了细菌王国中。这样的区分很重要，而这不仅仅是因为给健康食品打上"细菌"的标签会让销售变得困难。一些蓝藻细菌会产生神经毒素或肝脏毒素，使它们生活的湖水不能安全地用作饮用水或洗漱用水。在辛德勒测定的湖中，有一属蓝藻是束丝藻属（*Aphanizomenon*），巧合的是，这也正是从上克拉马斯湖中开采的主要成分。

其实上克拉马斯湖和所谓的"原始"相距甚远，这里简直就是人工富营养化的样板。美国地质调查局的科学家曾经从湖底采集了沉积岩芯，并从中读出了这种蓝绿色财富背后的故事，而他们公布出的分析结果远非广告中所宣称的上克拉马斯湖"一尘不染"或是"完美的自然生态系统"。可以代表湖泊几个世纪历史的沉积物，证明束丝藻的暴发反映了该流域内的人类活动。20 世纪早期，随着人们在湖岸边定居，放牧、开渠、排干沼泽等行为向湖泊中排入养分，蓝藻的营养物来源从此不被限制。抛开商业开发，这一湖泊的蓝藻暴发更应该被称为严重的污染问题，而不是什么令人叹为观止的产出。

随着束丝藻的生长并逐渐加厚，死去的细胞会从阳光普照的湖面降落到湖床上，被微生物分解时会消耗水中的大量氧气。接着，较低的含氧量会让湖床上的铁原子从先前铁锈的束缚中释放出来。由于覆盖于表面的铁氧化物溶解，从浮游生物腐烂而来并沉寂于淤泥中的磷原子也得以扩散到了水体中，并刺激更多蓝藻生长。更麻烦的是，微胞藻（*Microcytis*）这种臭名昭著的有毒蓝藻，有时候也会跟束丝藻一起享受上克拉马斯湖的这顿磷的盛宴，并产生毒素。上文提到的梅丽莎·布莱克之死，据说其死因就是自然采集的 SBGA 产品中含有微胞藻毒素，质疑者同时还认为这些蓝藻毒素可以解释诸如刺痛感、肠道疾病及呕吐等症状，而这些却被消费者解释成促进活力与清洗肠胃的正常反应。最近，德国毒理学家亚历山大·霍伊

●正在发生的富营养化。左图：奥兰多实验湖区的226号湖泊，因为磷元素刺激而生长的浮游生物在湖水远端显现出颜色变化。照片由大卫·辛德勒拍摄

右图：2005年8月，从太空观看到的上克拉马斯湖蓝藻旋涡。感谢NASA提供的陆地卫星照片

斯纳（Alexandra Heussner）和同事经过测定后发现，上克拉马斯湖的蓝绿藻产品所含的微胞藻毒素，已经超过建议的儿童暴露水平上限；他们也因此警告消费者，称该产品具有"严重的急性与慢性不良健康反应"风险。

人为的富营养化对上克拉马斯湖的蓝藻来说是好事，对湖里的其他"居民"而言就不是这样了。在这片区域中，有两种属于濒危物种的鱼类如今已处于呼吸困难的境地。像这片湖泊一样的悲剧也在全球范围内上演着，人口日益增长，让通常从岩石与沉积物中流失的磷增长了4倍。在墨西哥湾，由于密西西比河沿途的中西部农场及城市向河中倾倒了大量磷原子，并全部流入了这片日益富营养化的水域，其沿岸鱼虾遭到了空前威胁，巨大的"死亡区域"如今已是司空见惯。波罗的海地区也遭遇了类似问题，丹麦与瑞典的报纸经常会警告海滨游客们离开沙滩，因为有毒的海水让本地的贝壳窒息，并将海岸变成了一座黑色并散发着恶臭的墓地。

磷元素的富集带来了营养成分，当然也可以被看作有机体的福

音，如果这个过程在花园中发生，我们通常会喜欢这样的结果。"富营养化"（Eutrophication）这个术语源于希腊语，本意只是单纯指代营养充足的生态系统，当科学家说到某个湖泊或某片海域是富营养化时，从技术上讲也只不过是个中性词。但由于将磷排放到水体中造成人为的富营养化，在大多数人看来都不是什么好事，更像是吃得太撑得了病。

然而我们并不是第一个用这种方法给地球施肥的物种，地球本身也会分配营养物质，在有关李比希定律的案例中，有一个更为值得关注的事件，数千年来从遥远地带向外输出另一种营养物质多达数百万吨。在这个案例中，赋予生命的原子并没有通过被污染的河流旅行，而是随着湍流的空气之河漂流。

从撒哈拉到亚马孙的原子迁徙

1832 年 1 月 16 日，皇家海军小猎犬号（贝格尔号）停泊在了位于非洲西北炎热海岸之外的佛得角群岛。站在这艘不列颠双桅帆船甲板上的是年轻的查理·达尔文，此时他刚刚踏上征程几周的时间，而这段旅途后来促成了他的著作《物种起源》。在他的日记中，达尔文记录了一件事：炎热的赤道空气中，总是混有一些奇怪的颗粒。颗粒中是一种藻类的玻璃质外壳，如今的科学家们都知道这来自"硅藻"，而当时的自然学家则称之为"纤毛虫"：

空气总是朦朦胧胧，而这是由一种不能被识别的细沙从天而降所致，并且会轻微地损坏天文仪器。在我们停泊到普拉亚港的前一天早晨，我收集了一小包这种棕色细沙，而它们是由桅杆顶上的风信旗布从风中过滤而来的。莱伊尔先生也给了我四包这样的细沙，它们掉落在群岛北边数百英里外的一条船上。艾伦伯格教授发现这些细沙很大一部分是由纤毛虫构成……落下的沙量巨大，甲板上到处都是"尘土"，还会伤人的眼睛；由于空气昏暗不明，船舶不得不停到岸边。即便远离非洲大陆超过1000英里，它们还是会经常落到甲板上。

20多年后，达尔文发表了他的证据，证明所有地球生命都和同一个祖先相关联。但直到又一个半世纪之后，佛得角细沙所掩盖的原子关联才被揭示了出来。

达尔文不知道的是，一条自然形成的风带，正卷着大量粉碎的沉积物从撒哈拉沙漠向他刮来，其中包括1000英里（1600千米）以东的一个特殊风沙点，如今位于非洲国家乍得境内的博德累盆地（Bodélé Depression）。这里汇集了很多偶然性的因素，比如季风，将风力聚焦起来的两座山脉，以及干涸的海床——7000年前，这里曾经有一个淡水内海，面积接近今天加州的大小。如今乍得湖在这里留下的只是它残留的遗迹，曾是世界最大湖泊的湖床如今暴露在外，成了世界上大气沙尘的最大单一源头。赶上风况合适的时候，博德累盆地就像是一把面粉撒到了强力旋转的风扇前。

每年从撒哈拉沙漠飞越大西洋的矿物质颗粒和硅藻外壳超过2亿吨，而地质学家估测，在过去的1000年里，仅仅是博德累盆地就有差不多10英尺（3米）厚的沉积物被刮走了。有一些沙尘就在沿途沉积，覆盖了船只，阻塞了设备，也让科学家们为之着迷。不过这些干燥阴云中所含的原子，引起的可不仅仅是一点好奇心，它们也影响了佛罗里达和巴西的食物链，其中一些甚至已经通过牛肉、海鲜、咖啡或巧克力进到了你的身体中。

有的时候，博德累上空的风会在几天里将70万吨沙尘吹起1英里（1.6千米）或更高，而卫星显示它们穿越撒哈拉沙漠只需要不到 1 周的时间。大多数沙尘会和北非其他干旱地区的沙尘一同落入海洋中，但是每年仍然会有大约 5500 万吨沙尘飞跃大西洋，落入亚马孙盆地中。

亚马孙雨林富饶而高产，但这里的土壤却没有你想象中那么肥沃。强烈的风化作用，要么是将营养物质都洗刷到下游，要么就是将它们束缚在坚硬的沙砾中，而快速吸收的植物则会清除大部分动植物遗骸。对这些树木而言，为了给它们的细胞色素和其他分子索取更多铁原子，就只有依赖从非洲刮来的东风了，因为风中携带着含铁的沙尘。

曾经是雨林的养牛场也沐浴在免费的矿物质肥料风沙之中，因此草食性的牛群所吃的饲料，也包含着一些曾在远古热带大湖中漂过的原子。同样的沙尘也降落到了其覆盖区域之下的咖啡与可可种植园，因此在你喝的摩卡—爪哇咖啡中，或许同时也有从非洲"进口"的铁原子。

大多数飘往亚马孙流域的气流发生在冬季，不过在夏天的时候，这些尘土会飘到更靠北的区域，将这些来自撒哈拉的原子撒向加勒比海地区和美国东南部。有些地质学家怀疑，加勒比海地区很多岛上的铁锈色土壤，很可能就是数千年来这些非洲来客堆积起来的结果。气流也会携带其他乘客，包括活着的蝗虫、杀虫剂、过敏性真菌孢子以及各种有害微生物。巴巴多斯与特立尼达的哮喘发病率在全球位居前茅，一些流行病专家便将其归因于这些随风而来的异域病原体。

在开阔的大西洋上，陆地、空气与海洋的原子联系更为紧密。在这里，铁元素的富集过程可以说明，当一种之前通常都是被渴求的短板营养物质被添加到生态系统中时，将会有什么现象发生。大部分海面上，既接触不到海底沉积物也没有河流出海口带来的淤泥，铁元素的匮乏便限制了浮游生物的生长。但撒哈拉沙尘覆盖之下的海面可不是这样。根据一些推测，每年有 7000 万吨以上来自博德累的铁原子会补充到海洋中，超过全世界河流向海洋输送总和的 20 倍。

● 2006 年 11 月，加那利群岛上方出现的羽状沙尘暴，从西撒哈拉地区吹向海面。感谢杰夫·施马尔茨（Jeff Schmaltz）提供的 NASA 照片，戈达德航天中心中分辨率成像光谱仪（MODIS）快速响应小组

海藻消耗了大量这些从空中而来的恩赐，不过另有一种微生物则几乎完全依赖这些非洲之铁。俗称"海锯末"的束毛藻（*Trichodesmium*）是一种红褐色的海生蓝藻，一些学者认为红海便是由此得名。与上克拉马斯湖中的束丝藻一样，它们也可以利用溶解于海洋表面的空气自行固氮，而固氮作用使得束毛藻对于非洲沙尘尤为敏感。

固氮酶的主要作用就是捕获氮元素，它也是所有生物分子中含铁量最高的几种物质之一。你的每个血红蛋白分子携带 4 个铁原子，而一个固氮酶复合体则携带 34 个铁原子。富含非洲铁锈沙尘的降雨将赤道附近的大西洋变成了一座"良田"，缺铁的固氮生物在此苗壮成长，尤其是束毛藻，它们将尘土颗粒溶解后吸取其中的铁原子。跟我们人类用氮肥去给草坪施肥一样，束毛藻接着释放出来的氨又成了其他浮游生物的食物，由此支撑起来的食物链，最终给你的餐桌送去了鱼虾海鲜。当然，这些含氮化合物的受益者并非都对我们有益。有的时候，尤其是夏天，美国东海岸的海水会变成血红色。这种现象被称为赤潮，是因为甲藻数量爆发而导致的危险事件。这些细胞含有神经毒素并且毒性极强，人吃下被它们污染的海洋食品后，就会有瘫痪或死亡的风险。其中有一种毒素叫作"蛤蚌毒素"，可以阻塞神经元中的钠通道，而这也是束丝藻暴发时偶尔会产生的毒素。鱼类和海牛有时也不能抵御赤潮，即便只是轻微暴发，贝类养殖场也都会关闭，游泳者也不能下水，而当地经济则会受损。这一系列严重后果的导火索不仅仅与铁有关，也和束毛藻的固氮行为有关。

对你来说，获取铁元素就简单多了。你不像亚马孙热带雨林的那些树，固定在一个位置不能移动，你也不用像热带的浮游生物那样等待铁原子从天而降。人们直接从地下开采出铁，然后将它运到任何有需要的人手中，而且我们还可以依赖粮食作物从土壤中为我们提取铁元素。当然，确实有些人是缺铁的，并且被诊断为贫血。但是对我们大多数人来说，缺铁并不是值得担忧的营养问题。大多数食物给我们提供的铁都超过人体所需，而且它还可以在体内高效循环，因此一名普通成年人每天只需要补充几毫克铁元素替代流失或排泄掉的那一部分就够了。

如果有什么元素会限制人口增长，那么它一定是比铁更稀有或是更难采集的元素。它对我们来说应该是不可缺少的，但应该也可以被其他生物得到，并为了获取它跟我们形成竞争。它应该不是很容易随着大气四处飘散的气体，而最重要的是，它应该很容易因为疏忽而被浪费或流失。

磷元素就恰好完美地符合上述推测，一些富有远见的专家已经在警告可能出现的磷短缺问题。你的体内大约携带了 1 磅（0.45 千克）磷元素，大多数都在骨骼内，但还有很多是你细胞的重要组成部分。跟石油一样，磷是一种有限资源，迟早都会成为人口数量的限制因素。同时，就跟其他任何一种生命元素一样，滥用或过量时它又会成为死亡杀手。

磷为何如此重要？为了更好地理解这个问题，近距离地观察一下原子对你也许会有所帮助。我们就从观察镜中的自己开始，你可以通过研究你自己的反应，很轻松地和身体中的磷来一次面对面的交流。

和身体中的磷来一次面对面的交流

当你看着镜子中的脸时，你看到的主要是皮肤。肉质的脸颊上包裹着薄薄的一层皮肤细胞，就跟葡萄皮似的——当然也可能是葡萄干，这取决于你的年龄和肤质。一般成年人所有皮肤的总重为8～10磅（3.6～4.5千克），其中大多是由水和油脂构成。不过你看到的最明显的都是皮肤最外层的表皮细胞干燥后的残留物，如果你能透过这层薄薄的屏障窥探内层组织，检查一下那些包裹在活着的细胞外围的薄膜，你就可以看到，你向世界所展现的，最显著的部分就是磷原子。

严格来讲，这也不仅仅是磷原子，而是更为复杂的磷酸酯分子围住了你的细胞。构成磷酸酯的磷酸基的形状就像手上抓着的一堆气球——四个氧原子就是那些气球，而磷原子就是拳头，牵住气球的线则是共价键，整个基团还可以和其他分子相连，比如油脂分子或更多磷酸酯。这种伙伴关系的灵活性对于保持你的生存与意识状态是非常重要的，而当生存不是太急迫的问题时，它还有助于让你的衬衣保持干净。

还记得我们将水体的富营养化归因于含磷洗涤剂吗？这些洗涤剂之所以能成为水藻肥料的原因之一就是，它们很像细胞膜中那些富含磷的分子。就拿你自己的细胞膜说吧——你身体中每一个细胞都是由双层磷酸酯包裹的，油性物质被这两层磷酸酯夹在中间形成三明治结构。这并不是一个固定不变的屏障，而是一层富有弹性的半透膜；当它暴露在水中时，由于其独特的分子结构带来的自组装特性，这种结构会自发成型。

细胞膜中的磷脂分子就像是古代神话中的一些奇怪物种，例如美人鱼和半人马。要想搭建磷脂分子，你需要取一个磷酸基的"头"，再接上一根或几根由碳氢原子构成的脂肪酸"尾巴"。带有少量电荷的头部会吸引水分子，而油性的尾巴则更希望和它们的同类混在一起。当你将足够的磷脂混合后放入细胞所处的含水介质中时，它们会自动有序地排列形成双层薄膜，磷酸基的"头"和"头"会挨在一起形成薄膜的两个面，并且都朝外指向水，而尾部则尾对尾地团在内部，像是被夹在两片面包中的黄油一样。你脸颊的皮肤表面，就是无数密密麻麻的头部为磷酸基、尾部为脂肪酸的脂质分子。

细胞膜分子与洗涤剂的相似性也可以解释为什么后者可以将衣物上不易溶于水的油污洗去。当洗涤剂被倒入洗衣盆里时，负电性的磷酸头部便会与水分子的正电端结合，这样的吸引力就会把洗涤剂拉入水中。此时洗涤剂的尾部还在后面拖着，直到它们遇上衣服污斑上的脂质，从而引发一场拉锯战，最终涡流将洗涤剂连带油斑连根拔起。

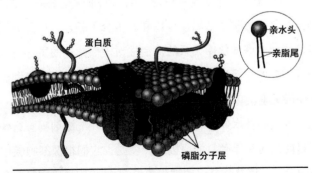

●细胞膜结构图

在含磷洗涤剂被禁止之前，你用过的肥皂水会直接冲入河中，于是一些幸运的水藻就会抓住它们，获取其中有价值的磷酸基头部。如果规模够大，再考虑其他诸如市政污水、化肥或腐殖质中的磷源，那么你就会看到波罗的海、墨西哥湾与上克拉马斯湖的多彩变幻。磷元素也可以让你自己身体里的细胞茁壮生长，就像它会刺激水体中浮游生物的生长一样，原理相差不多。

那么你体内多达10亿亿亿个磷原子这会儿都在做些什么呢？它们中的大多数正参与支撑着你的磷酸钙骨架，而剩下的那些，大多数在遍布你从头到脚的细胞膜上振动着。它们通常会远离你皮肤的最外层，然而，这都是在它们所处的死细胞迷失到你周边环境前不久发生的。那些幸存的磷原子会转向内部移动，供身体组织使用，也许这是因为磷原子太过珍贵，不能每天都跟着脱落的死皮一起被损耗。

在细胞的深处，磷原子也在辛勤劳作着——每一个细胞中都包含一颗包裹着 DNA 的细胞核，而每一个 DNA 又都含有磷原子。这些丝状分子通常细到在一般显微镜下都看不到；不过如果你将身体内所有上万亿个细胞中的 DNA 首尾相接，它们可以延伸到冥王星轨道之外。每两条相匹配的 DNA 链绞在一起，较弱的氢键在双链的缝隙之间架起桥梁，最终形成著名的双螺旋结构。尽管 DNA 的编码中隐藏着海量基因信息，但它实际上只由四种含磷的"砖块"构成，也就是所谓的核苷酸。

为了读出你的基因编码，酶首先会将 DNA 链解开，将核苷酸暴露在外，就像纸带阅读机一样，而这里就是磷对你来说尤为重要的另一个地方了。当 DNA 链间较弱的键像拉链一样打开或闭合时，磷酸基之间的强键仍然可以保持 DNA 骨架的稳定性。如果没有强力的磷酸键作为支撑，你的基因恐怕就会过于脆弱而不能被读出了。

其中有一种核苷酸叫作三磷酸腺苷（adenosine triphosphate），也就是 ATP，在基因中也可以独立工作。这个过程中它的主要任务是充当细胞的"化学电池"，此外它还能让你的四肢运动，并让你能够用视觉、触觉和味觉去感知这个世界。ATP 分子的神奇之处源于它所携带的三个相连的磷酸基。当最外层的磷酸根脱落时，由此释放出的小型能量波，可以让你实现各种动作，ATP 则变成了 ADP（adenosine diphosphate），即二磷酸腺苷。当再次装回磷酸根之后，ADP 又变回了 ATP，你又可以带上这个重新充满能量的化学键，将其用到需要的地方，比如开启细胞膜的离子泵，制造激素分子，或是细胞的其他各类需求。

为了让身体正常运行，巨量的 ATP 需要参与工作，仅仅是呼吸、思考以及输送血液这些日常活动，你每天需要的 ATP 就几乎和身体等重。不过好消息是，ATP 的循环速度很快，所以在特定时间里，你只需要在身体里随时储备几盎司就够了。但是另一方面，由于磷的匮乏，你却可能早早地就死于李比希定律。你的线粒体为你完成了大多数循环过程，从食物中获取能量，并将最重要的第三个磷酸基送回到 ATP 分子中；你吸入氧气主要是为了给你的 ATP 工厂提供能量，而这些工厂中的 ATP 也为你的呼吸提供能量。

当然，更为充足的生命元素对你来说也很重要，毕竟，你的身体主要还是由氢和氧构成的大水袋，不过磷元素尤其珍贵，主要是因为它更难被获取。几乎每一片细胞膜和每一个提供能量的细胞都对这种重要元素有需求，这也使得它成为一个你与世界上其他生物之间普遍联系的纽带。

最可能对全球人口形成限制的资源

这些磷原子究竟来自何处？它们还将为地球上这几十亿人服务

多久？在所有这些生命原子中，磷或许是在任意给定时间里，最可能对地球人口形成限制的资源，尽管专家们对限制我们的资源是什么这个问题还有不同意见，或者更确切地说，他们对这些资源在什么时间以什么方式对全球人口形成限制尚未形成统一意见。

举个例子，我们已经听过太多有关"石油峰值论"的故事。煤炭、石油和天然气是由植物与浮游生物经过数百万年形成的，而当它们被用作能源时，我们撕开它们的原子并送到风中，一同被挥洒的还有将这些原子保持在一起的能量。我们永远也不会将构成它们的这些原子耗光，因为碳原子和氢原子的数量都非常庞大。但我们可能很轻易地在一个世纪左右的时间里将物美价廉的化石烃类分子消耗殆尽，因为我们使用的速度远快于它们形成的速度。

理论上讲，种植粮食作物或水藻也可以将空气与水转化成烃类，从而替代我们所焚烧的燃料，然而成本、物流或伦理方面的问题，却使得这些生物燃料难以达到足够的规模以满足人类需要。然而最终，不管人类的技术与社会适应力如何发展，生命所能获取的原子绝对数量，将决定地球人口的极限。

用最简单的话来说，就是我们并没有制造用于维持身体的原子，而仅仅是从环境中借来了它们。那么，增长的纯粹原子极限是什么呢？如果能对此进行估算，那么我们至少可以明确一个长远的界限，从而更好地预测人类的未来。

任何移民月球或火星的理论计划都先放到一边吧。现在的问题不是像扩散孢子那样保存人类这一物种，而只是关系到必须在地球上继续生活的这几十亿人，因为他们永远也不可能登上那些想象中的星际飞船。太空探索以及实现这一过程的技术给我们带来的震撼，很容易让我们对一件客观事实产生盲目——迄今为止，在我们能力所及的范围内，这里仍旧是对我们来说最适合定居的故土。相比太空中冷酷的虚无，以及宇航员跟星际移民不得不生活的那些监狱般的条件，即便地球上最没有吸引力的城镇也胜似天堂了，所以当我们向其他星球进发之时，可不能忘了跟地球保持联络。

为了开始这个思维实验，你的很多原子都会派上用场，当然，准确的数目不可能被测定。你在不断地掉落原子，但同时也在从呼吸与食物中获取新的原子，因此随着时间变化，原子总数也在因人而异地发生波动。并且毫不奇怪，不同专家对人类平均原子数目的估算结果也不同。不过与其花太多心思去顾虑数据的精确性，还不如为了便于说明选择一组合理的数据。

1998 年，一篇题为《纳米医学》的文章发表在"前瞻协会"的网站上，作者罗伯特·弗雷塔斯（Robert Freitas）提供了这样一个数据库，这也是我书中相关数据的来源。根据弗雷塔斯的测算，你身体内的原子总量是个天文数字。如果你的体重是 150 磅（68 千克），那么你的原子总数将会大大超过宇宙中可以看到的恒星总数，用科学计数法简单书写出来就是 7×10^{27} 个原子，但如果要完整写出来，那就是数字 7 后面带上 27 个 0，或者说是 7000 亿亿亿。而至今我们所知的恒星总数，大约是这个数字的几千分之一。

如此巨大的数字还是需要一些更直观的形式来加以描述。如果你的原子大小和沙子体积相仿，那么你可以用它们填满大约 2 万亿个奥运会标准游泳池。那么 2 万亿个游泳池看起来又是什么样的呢？如果你真想寻找答案，那么找个地方挖出这些游泳池首先就是个麻烦，因为这相当于整个地球表面积的 5 倍。

我们还可以用钱来举例。如果每一个原子都是一张百万美元的钞票，而你每秒钟都可以花掉其中一张，那么全部花完它们需要多少时间？别去考虑实际情况了，因为这样你每年可以豪掷 36.5 万亿美元，如果你乐意的话，足以在半年内付清整个美国的债务了（按2013 年底的数据计算）。但如果你要花光剩下的部分，从现在算起还需要 222 万亿年，届时，宇宙中的所有恒星早就耗光了它们的氢燃料，并已被黑洞、白矮星或寒冷的灰烬所替代。

然而更富想象力的画面还是出自诗人奥利弗·温德尔·霍姆斯（Oliver Wendell Holmes）的那一句话："用我的灵魂，再筑三座市政厅。"与市政厅一样，你的身体是由几种相对简单的原材料构成的，尽管从巨型超新星爆发而产生的少数稀有重金属——如锌和银——会像给地板抛光一样修饰你的分子，但你身体内主要的原子种类屈指可数。

在你身体的这座"市政厅"中，氢原子和氧原子就好比砖块和灰浆。一个150磅（68千克）的成年人体内大约有90磅（41千克）都是水，这也是你身体中最主要的氢和氧。这两种原子在遍布着海洋的地球上非常丰富，在我们对原子极限的探索中根本用不着考虑。

当然对一座大厦而言，光有主材是远远不够的，而且其他相对稀少的材料才会让市政厅变得独一无二。这些"次要"元素中最主要的一种就是碳，你可以将它想象成市政厅中的木材。根据弗雷塔斯的数据，碳大约贡献了体重的1/4，也就是说，150磅的成年人大约含有35磅（16千克）的碳元素。

地球上的碳储备可以"造"出多少人？其实光算上大气就足够多了，因为风中以二氧化碳形式飘散的碳元素总量有大约5000亿吨。如果将这些碳都转化成构建人体所需的形式，足以供大约30万亿人使用。

要实现如此奇异的结果，当然还需要在其他元素可以充足获取的前提下，而且你还需要在造出每个人后让他们都待在干爽的陆地上。然而如何实现后一个需求就很值得怀疑。如果你让30万亿人全部紧挨站着，每个人只占1平方米的空间，那么这么多人将覆盖整个北美洲、中美洲和差不多三分之一个南美洲。在这样的场景下，你在担心碳被用完之前，早就应该需要考虑基本的生存空间是否够用，毕竟这还只是考虑了大气中的碳而已：海洋与沉积物中的碳还要多上好多倍。

除去上面考虑到的氧、氢和碳，其他可能对实际人口上限有影响的元素总量加起来只占你身体的 4%，于是你身体这座"市政厅"的价值也变得更为清晰。为了破坏建设计划，你其实不需要限制主要的原材料供应：比例虽小但同样必要的某种材料出现短缺，一样可以有效地形成限制。在这个比喻中，磷原子可以被想象成螺丝、钉子以及你身体中的电池，而很多专家都在担心这些原料的供应已经极度短缺。《外交政策》杂志于 2010 年发表的一篇文章说到"磷元素峰值危机"可能是"你从未听说过的最严峻的自然资源短缺"，而最近《新科学家》又发文称其为"潜在的全球性主要环境危机"之一。

那么能够为你的牙齿、细胞膜及身体其他部分提供磷元素的源头都分布在这个星球的哪些角落呢？它们中的大多数都被你踩在脚下。尽管坚硬厚实的玄武岩以及其他火成岩有时也可以被用来开采磷，但它们很低的矿石含量（很少能高于 5%）和开采难度，迫使我们用更集中的资源用以喂养这个饥饿的世界。我们如今开发的最有价值的磷矿，都是由发生过富营养化的古老海洋"再生"而来。

在远比恐龙诞生更久远的年代，真菌与植物都从早期的土壤中开采磷元素。雨水将一部分磷原子冲刷到海洋中，浮游生物将其截获，而剩余的那些还在供养着陆地生物。驻扎在你体内的那些磷原子曾经属于数亿年前很多种不同的生物，其中一部分甚至会让你感到不可思议。想象一下，你身体中的部分磷原子曾经以你想成为的各种生命形式，在地球上翱翔、游弋、爬行或蠕动，而且这些关于生命的幻想很有可能曾经就是现实。

如果你是一名典型的美国人，那么给你吃的素食与家畜的饲料中增肥的磷，主要来自北卡罗来纳州或佛罗里达的古海洋沉积物，还有一小部分来自摩洛哥。而海洋食品中的磷，主要是从海洋食物链中直接得到的；培根、鸡蛋这些畜禽食品中的磷，则由鱼类饲料提供。不过追本溯源，最终这些都会带着你回到海中，而这也是限制我们增长的终极问题。

磷元素会枯竭吗

化石猎人们都喜欢在北卡罗来纳州的奥罗拉海岸搜寻猎物，而这片平坦的沙滩是一个露天矿。全世界最大的磷矿生产商之一也坐落于此，那巨大的挖掘机，铲斗就跟车库大小相仿。加拿大钾肥公司的雇员们用这些威武的设备，将覆盖于表面成吨的沙土、贝壳与白垩清除，堆在一起，这些沙堆吸引了四面八方的收藏者。在这些灰色的矿坑之中，埋藏着数百万片磷灰石化石，它们曾经帮助巨鲸游泳、协助鲨鱼啃咬、托起海鸥飞翔。地质学家和古生物学家们不远万里来到此地，挖掘着这些 200 万到 500 万年前的遗迹，甚至其中有一部分已经接近 2000 万年了。这些珍宝中，有石化的鲸椎骨，有长达 6 英寸（15 厘米）的巨齿鲨牙齿，以及尖嘴海雀祖先精致的翼骨。

不过更有价值的宝藏还在上百英尺的深处，尽管它们在展示柜里看上去都很无趣。矿主的首要目标是具有黑色光泽的磷灰石颗粒，大的直径有几英寸，而小的只有罂粟种子那么大。钾肥公司每年都会开采大量矿石，将它们运输到全世界的化肥厂和销售处，最后将磷原子送到你的食物中去。

奥罗拉地下蕴藏的磷矿石意味着这里曾经暴发过超大规模的富营养化事件。而如今因为人类的影响，在它们的发源地，滨海富营养化事件变得更加寻常，农业与市政污水造成水藻泛滥，同时气候变暖造成海平面上升正在一点点吞噬着海岸线。奥罗拉的沉积物与上克拉马斯湖及上文提到的试验湖区变色后的水有很多共同点，尽管它们在人类出现很久之前就已形成。

想象一下，如果将上克拉马斯湖的绿色湖水拓展到 50 英里（80 千米）宽，并且覆盖几乎整个卡罗来纳海岸线会是什么场景；而这正是墨西哥湾暖流靠近海岸并与大陆边缘的海底隆起以及海角发生撞击时产生的现象。这样的喧嚣掀起了下层的海水，大量的磷和其他营养物随之被翻腾起来。当重度营养化的海水抵达阳光普照的海面时，它们引发的海洋生物大爆发，其回音直到今天依然在我们身边回荡。

浮游生物让海水变得浑浊，并供养了大量小型生物，而后者又成了大型鱼类、海豹及海鸟的捕食对象。鲸将这些营养物质富集起来，可能还会因此产下幼崽；而这些幼崽可能会不幸死于巨型鲨鱼的利齿之下，在尸体被吃完后留下一堆白骨。此外，死去的浮游生物像地毯一样铺在海床之上。数百万年后，你的骨骼还有牙齿中的部分磷，就来自这些腐败物之下埋藏的化石。

在缺氧的海底沉积物中，细菌时常光顾这些浮游生物的墓地，吃掉腐烂的细胞，从中吸取碳原子与氮原子，留下密实的含磷颗粒。这些沉淀后来成了小麦和玉米所用的化肥、母乳中的磷，以及你最爱的软饮中富有活力的磷酸。

墨西哥湾的这类事件在 1800 万到 2200 万年前之间发生过几十次，也许是因为海平面的周期性上涨造成的。这种波动的周期大约是 10 万年，与气候变化的周期吻合，因此冰川期可能在此过程中扮演了重要角色。极地冰雪的融化，一次又一次地推动海平面上升，让墨西哥湾暖流得以冲破大陆架，而先前却因为太浅而不能越过。每一次海水对大陆的回访都会引发更多的上升洋流，并让更多的磷沉降下来。如今，北卡罗来纳州海岸沿线附近较薄的矿床，已经被一路赶到大陆架边缘的年轻沉积物所覆盖，近海海水之下已经达到或超过了1000英尺（300米）。

那么这和我们增长的原子极限有何关联？科学家们对地球上有多少磷可供人类使用没有统一的意见，不过美国地质调查局报告称，全美拥有的磷矿储量大约有14亿吨。如果按平均纯度30%计，这些磷矿可以产出4.2亿吨的P_2O_5分子，或是1.85亿吨磷原子。理论上讲，仅仅是美国的磷储备就可以供给3700亿人口——超过目前全球人口的50倍。如果再加上其他一些主要的磷矿高储量地区，如摩洛哥的总储量据说达到500亿吨，那么就会得出和用碳计算人口上限时同样荒谬的结果。

那么，为什么会有那么多科学家警告磷短缺的危机呢？如果依赖我们确信的这些来源，按照现在的全球开采与消耗速度计，那么最迟到下个世纪，可供开采的磷矿就不足了。不过并非所有人都接受这个结论，而且过去很多质疑资源紧缺的观点后来都被证明是错误的。

显然，地球上还有足够的磷，可以供应的人口总量远比我们乐意与其共同分享世界的要多，而不断减少的供应量，会使得如今的低品质沉积物在未来变成值得开采的矿源。不过磷的循环可不仅仅是将原子直接从矿石送到你的肋骨中那么直接，简单地计算一下可能供养的人口，并没有考虑维持人类生存与健康的额外需求。幸运的是，这些问题的最大因素，应该就是我们自己可以控制的那一条——挥霍无度。

我们从土地中获取的磷元素，有80%～90%都根本没有到达我们身体之中。它们中的一部分长成了棉花，最终成为服饰，而撒在田间的磷，至少还有一半并没有被目标作物所吸收。在植物的根吸收它们之前，雨水就已经将磷冲到了地下水或河水中，所以很多时候，化肥的施加量高于植物真实的需求。在作为牛饲料的玉米中，磷的宿命常常是远离田边的牛粪，久久不能被循环利用。食物浪费和从田头到餐桌过程中的损耗，都使得最终抵达我们体内的磷原子只不过是从地下冒出来的一小部分而已。

虽然这些原子在脱离了我们掌控之后并没有在地球上消失，但其中的大多数流落到了我们客观上不可能开发的角落，最主要的地方就是湖底与海底。如今，大河河口的三角洲正在将大量被浪费的磷原子掩埋，而它们刚刚才被人类花了很大代价和努力从类似的源头开采出来，却又被存储到了更难抵达的位置。在从陆地前往水下的旅途中，它们还会破坏支撑人类生存的生态系统。由磷引发的死亡区域遍布世界各地，由此引起的鱼类死亡还有其他水质问题，也造成数十亿美元的经济损失。

社会与经济因素也让李比希定律的阴影像幽灵一样横亘在人类通往未来的道路上。全世界大多数磷矿石主要就由三个国家生产：美国、中国与摩洛哥。于是，这些国家的磷资源也意味着一种强势，影响着其他很多化肥用磷几乎完全依赖进口的国家。

考虑到严重耗损与对环境的破坏，生产运输的政策及成本，以及现有科技的局限性，"磷元素峰值"的概念也激起了更多反响。国际肥料发展中心估算，全世界范围内，大约还有 600 亿吨较为集中的磷矿可以比较容易地被开采，很多消息灵通的人士则指出，如果维持现有开采速度不变，这些剩余的存货还能维持 50 ~ 400 年，任何地方都是如此。也有专家持有不同观点，认为可能会有新的资源被发现，开采技术也可能会得到大幅提升，因此最终耗光的时间点也许会更早或更晚。但是所有人都同意一点，那就是在纯粹的元素枯竭之前，我们已经面临一些实际的资源竭尽问题了。

我们如何获取并利用磷，还有我们如何过我们的生活，将会决定这一元素以什么方式满足我们的需求多长时间。我们如今已成为全球磷资源从土壤损失到海洋中的四个因素之一，而在整个磷循环的链条中，人类这个环节就如同一个漏水的水管，将这些来之不易的原子洒向河道，在沿途造成不必要的伤害。依据最新的原子观点，我们目前实际的任务应该是无论如何都要将这条循环链重新闭合。

对于我们的未来，与可获取磷原子数目同等重要的是我们自己的品性和生活方式。在这个历史的新纪元，人类心理学已成为地理、生态学与化学过程中不可分割的一部分。举个例子，假如全球主流的素食文化都发展成美国式的肉食文化，那么对磷的需求也将飞速上涨。同时尽管宇航员已经可以从他们自己的尿液中回收水分子再饮用，但很多人觉得"恶心"并对此持排斥的心理，也会让我们中的大部分人不能接受在地面上用类似的方式大规模回收磷资源。

通过详细的计划，我们已经可以很好地将人体的磷重新送回循环之中。而当我们尝试这么做的时候，对自身原子的认知，也将帮助指引我们更有效地迈入理性而可持续的未来。

第九章 消逝的肉体
——生命和非生命的界限

> 理解真实的宇宙远比坚持幻觉更好，不管后者让人多么舒心惬意。

——卡尔·萨根

（Carl Sagan，美国著名天文学家、天体物理学家与科普作家）

> 我宁愿化作灰烬，也不愿落入尘土。

——杰克·伦敦

世界终将会有尽头，你也是如此。这样说只是防止你误会。

当你第一次意识到自己其实也是星际产物，并且呼吸着列奥纳多·达·芬奇曾经呼出的氩原子，想必也会觉得事物的原子特性令人振奋吧。不过，就跟年轻人之间的浪漫在熟识之后会变得稍显平淡一样，当原子真实的一面也开始沉入你的意识中时，可能就会带来复杂的感受。创造之后是毁灭，而生存的尽头是死亡。你血液中那些铁的诞生，摧毁了那些孕育它们的恒星。空气中那些同样没有是非观的原子，拜访过达·芬奇也拜访了你，而在此期间却也曾在阿道夫·希特勒的肺里兜过圈。如今这些维持你生命的原子，最终还是会舍你而去——实际上，当你在读这句话的时候，有些原子就已经离开你了。

你可以算得清身体不同部位的元素种类及数量，并由此总结，自己其实就是氢原子与氧原子构成的水，掺进了一些煤灰和烟尘。

如此简单的分析，也许会让你觉得自己不过就是有点智力的泥巴而已，但这并没有揭示你与无生命的黄土之间有何本质差别，虽说终有一天你也会变成一抔黄土。你如何能成为你自己——一个生活精彩还能自行呼吸的自己——同时还是一堆没有生命的原子？

不幸的是，如果想要得到这个永恒问题的满意答案，你只能依靠自己去探索了，因为直到现在，这个世界上最聪明的脑袋也还没有完全想清楚这一问题。不过原子世界的某些方面如今已被深入了解，足以作为可信任的指南针导向知觉、神话与信仰的脆弱深处。如果不想把自己彻底搞得神经错乱，那么简单想一想原子如何穿梭于我们的身体，对这个问题也是有意义的。

如果你和我们大多数人一样，那么你通常会认为自己的身体就是一个界限明确的稳固实体。每天早晨，你都期待可以在镜子中看到一个和原来一样的自己，而人们也都觉得你需要对曾经做过的事情负责。不过从原子角度讲，现在的你在此刻之后就不会再存续，而你先前做过的那些事，也不过是一个不再属于你的临时粒子集合所为罢了。

事实上，我们很容易看到很多这样的物质流。你不断地吃喝、呼吸还有排泄，你的生命得以延续也正是因为你持续均衡地做着这些事。然而，要想在进出身体的这些物质之间确定合理的联系可不容易，更不用说在你体内它们干了些什么，除非你通过原子的概念来思考这个问题，并借助一点恰当的比喻。举个例子，假如你可以将自己想象成一条河流，那么这些事情就会产生不同的感觉了。

下一次当你到访自己最喜爱的那条河流时，你不妨试着去数数其中的水分子。可这是徒劳的！这当然是水分子颗粒太小而数量又太过庞大的缘故，但更大的问题是，在你还没有数清的时候，它们就已经离开了。常言道"流水不腐"，流动性是区分河流与湖泊的特征。你可以给河流命名，再看到时也能辨识出来："哦，我们现在到了……伟大的密西西比河！"你或许会喊出来，就好像它跟人行道一样从未有过变化。一般你并不会这么说："在这一瞬间，数以兆亿计的水分子临时流过我的面前，但下一秒，所有水分子都会向海洋的方向移动一点点，有些已经离开了我的视线，也有很多新的水分子补充过来。"如此等等。两种表达方式都可以说是正确的，但前一种简化的版本从实际角度说，显然更容易被我们所接受。

这种对生命更简单的理解方式让我们的祖先生活得很不错，而且让我们人类这一物种延续了好几千年。不过如果你能为了获取单纯的乐趣，安安静静地读一些类似于本书的科普读物，那么你将能够更深层次地挖掘"我是谁"的问题。

原子运动造就了河流的涨落，也造就了你这短暂留存的身体，而你——不管这里的"你"是什么意思——只是在其中的物质流回广阔的全球原子海洋前瞬间存在而已。现在想想原子正在离你而去的情形——这并不需要等到你死去时身体在风中、水中或泥土中零落，这已经是正在发生的事实了。

原子的流逝和更新会伴随你的一生

如果你首先注意到大量物质在你的身体进进出出，不妨用你的方式缩小观察范围，那么你可以通过这些显而易见的事实得出令人咋舌的结论。不过既然你思考的是无生命的元素与有生命的组织间存在的双向物质交换，那么请记住：理智的外界限就在这里。

当你抿下一口水时，它并不只是在为你解渴。从另一个意义上讲，它成了你的一部分。水顺着你的食道流下，用不了几分钟，也没有经过任何变化，就成了你血管与肉体中的主要液体。你血液中的大部分就如同自来水，只不过其中漂着些细胞、盐分，还有一些有机分子。你耳垂中富有弹性的黏液，或许有一些不久前还在水壶中待着，而你眼睛中的很多水分，或许就来自刚刚下过的一场雨。

你的嘴通常是水分子进入身体的主要入口，但你却是十足的漏斗。《英国运动医学杂志》上一篇有关氢同位素的研究认为，一名久坐不动的成年人每天大约损失 7 品脱（3.3 升）水，其中 4 品脱（1.9 升）通过尿液排出，而剩下的 2 ~ 3 品脱（0.95 ~ 1.43 升）则通过汗液或呼吸排出。剧烈运动会使非尿液损失达到每小时 1 ~ 2 品脱（0.47 ~ 0.95 升）。

现在我们看看根据这些事实可以产生怎样的逻辑。你的体重里有接近 2/3 都来自水，而你的身体是这股常见液体中的一个旋涡。当然，你从泉水中吮吸的液体并不是活着的，而当你跨过地板上的一摊水时，也不会觉得这是起谋杀案。所以，你大部分身体根本不是活着的，甚至其持久性和特异性都不值得起个专属姓名。

接下来我们考虑一下你的头发。这里正上演着一场"阵雨"的慢镜头画面，无生命的蛋白质从你的头上喷射出来，其速度大约是每个月半英寸（1.27 厘米），或者说每年 6 英寸（15 厘米）。每一根纤维都由碳原子、氧原子、超过氧原子数目两倍的氢原子缠结而成，其中洒落了些氮原子，还有少量的硫。发根的那些原子来自你前几天的食物，还有一些饮料和代谢水，以及你自己回收循环的一些细胞。

你的指甲同样也都是角蛋白，平均每个月会向指尖外长出 3 ~ 4 毫米。脚指甲的生长速度只有手指甲的一半，当它们被剪去或磨损时，外边缘的原子也随之离开身体，并且每天你还会脱落数百万个死皮碎屑。如果你可以对着头发、指甲还有表皮的生长进行拍摄并快进，你可能会因为看着这些皮肤尘埃而崩溃 —— 密林般的蛋白质从你的头部倾泻而出，而你的手指尖与脚趾尖则射出一卷弯曲的角蛋白薄片。即便用正常速度播放，脱落的也是大量原子。如果你想长时间保持自己的模样，那么它们都必须被替换。

对自己这种不寻常的延时观察视角，总结起来可以这么说，你是一眼行走的喷泉，不断喷出含有碳酸的水蒸气、液态的水还有蛋白质。你身后的轨迹就是一团看不见的迷雾，其中充斥着呼出的废气和其他脱落物，最终也许会成为你床下的灰尘——或者当你做了什么坏事的时候，也许它们就会成为警犬追踪的对象。如果你真成了这样的逃犯，那么或许你应该试着在法庭宣判前通过原子证据自证清白。"那不是我，法官阁下！"你可以很坦然地这么讲（最好语法规范一些），这还要归功于你身体里物质的快速代谢。

相比还在子宫中的你来说，如今你身体中的原子已经多了很多，因此这一点很明显可以说明，你身体中的大部分都比你自己年轻。不过想象一下，你自己不过就是细胞的临时组合，也可以让你身体瞬息万变的事实更加明显。

意大利学者伊娃·比安科妮（Eva Bianconi）及其同事最近研究发现，成人体内的细胞总数平均在 37 万亿个左右。它们大小形态各异，有大约 8 微米的红细胞和 22 微米的肝细胞，也有大约 100 微米的成熟卵细胞（作为对比，盐粒直径约为 500 微米）。有些细胞在被循环或替代之前只会存活几天或几周，而其他一些则可能会伴随一生。所以，你如何能说清它们哪个是哪个？

估算人体细胞替换速度的其中一个方法是测量细胞内碳 - 14 的含量。"冷战"期间，热核武器的大气层试验造成空气中的氮元素转变成放射性的碳 -14，直到如今依旧污染着空气和海洋。这种不稳定的碳原子以二氧化碳形式进入植物体内后，又通过食物链进入地球上所有生物的体内，其中也包括你。随着 1963 年地面核武器试验被禁止以后，海洋沉积物中埋藏的富碳有机质，其放射性碳的浓度也有所降低，并且这种变化也在我们身体中得到了反映。如果说热核武器污染有任何一点好处，那也许就是放射性碳的浓度变化，给我们提供了测定细胞年龄的全球性同位素示踪剂。

斯德哥尔摩卡罗林斯卡学院的细胞生物学家奥拉夫·伯格曼（Olaf Bergmann）近期在《科学》杂志上发表论文称，他采用了这一技术研究心肌中新生细胞的生长过程。他的发现终结了两派专家的长期争执：一派坚持认为一生之中，心脏细胞会更新四次；而另一派则相信，我们至死所拥有的心脏跟出生时是一样的。通过测量心肌细胞中的放射性碳含量，伯格曼的团队发现，比起那些出生年代早于核试验的老人，一生都笼罩在污染空气下相对年轻的人们，其心脏组织中放射性碳的含量要高得多。根据这些研究以及其他类似发现，可以看出你的一生中确实会持续生长出一些新的心脏组织，而且随着年龄变化，生长速度也有所不同。根据伯格曼的计算，20岁时，你的心肌细胞每年会更新1%左右，而到了75岁时，这一速度会下降至一半。尽管如此，大部分这样的细胞在你成年后一生之中都将会被保留。

类似的放射性碳示踪剂研究也说明，你身体中大多数细胞的更新速度平均为7～10年，不过有些细胞远在这个范围之外。比如你的心脏，心肌细胞的更新速度就慢于充斥于其中的结缔组织、血管以及其他结构组织。这些部分平均每年的替换率为18%，也就是说你心脏中的大部分年龄都小于5岁。

伯格曼与生物学家乔纳斯·弗里森（Jonas Frisén）后来又在《科学》杂志上发表文章谈到，人类大脑中嗅球和海马体的神经细胞会不断再生。也就是说，如果有什么东西激发了你的回忆，比如烟雾缭绕的篝火或熟悉的香水味道，最初记录这种感觉的那些神经元或许早已离你而去，但那些未曾经历这一过程的细胞却已将记忆保留了下来。你大脑中其他大多数细胞都可以追溯到婴儿时期，但同位素追踪研究也说明，在你的大脑皮层内也会出现一些新的神经元，或许在更新着每一天的点滴经历。

消化道中的细胞没几天就会更新，而这并不让人意外，毕竟它们受着胃酸、胆汁的折磨，并被整个管道的食物与排泄物腐蚀着。生理学家贝恩德·林德曼（Bernd Lindemann）所做的工作指出，口腔中的味觉细胞寿命大约是 10 天，而皮肤学家杰拉尔德·温斯坦（Gerald Weinstein）及其团队则估测，皮肤细胞的平均更新时间是 39 天，也就是只要两周的时间，你的最外层皮肤就会脱落上亿个细胞。这一持续脱落的过程会让你每一到两个月就能换上一层新的皮肤"包装"，同时也稳定地给房间里贡献着灰尘。

红细胞的一生则更为"污秽、野蛮而短暂"（英国政治家托马斯·霍布斯对人性的著名评语。——译注）。它们遍布于几百英里长的大动脉快速通道和只能缓慢挤过的毛细血管中，在你肾脏的渗透丛林中穿过几千条通道时不断被挤压或膨胀，因此大多数在 4 个月左右就被磨损殆尽，必须由脾脏和骨髓中的祖细胞再生。而科学记者尼古拉斯·韦德（Nicholas Wade）则表示，人体肝脏细胞的更新周期在 300～500 天，也就是说，每一到两年，你都会长出一副全新的肝脏。

瑞典生物学家克斯蒂·斯波尔丁（Kirsty Spalding）和其他一些科学家发现，你的脂肪细胞会维持 10 年左右，这对想减肥的人来说是个好消息。过去曾有观点长期认为，饥饿只会使脂肪细胞变小而不能将它们剔掉，当节食者适应了饥饿感后，它们又会像杂货袋一样鼓起来。不过如果你能坚持健康生活足够长的时间，看起来是可以通过去除脂肪细胞帮助你稳定体重的。

你的骨骼与肌肉则会不断地被改造。每年，骨骼密实的最外层中有 3% 会被更新，而在你四肢关节的多孔骨骼中这个数字则会高达 1/4，专家计算认为全部骨骼的平均替换时间为 10 年。根据尼古拉斯·韦德所说，肋骨间的肌肉细胞大约会维持 15 年；而当你快 20 岁停止发育时，跟腱中的胶原蛋白核心就彻底定型了。

最近，丹麦与瑞典的科学家通过同位素分析证明，身体中容易识别出的最年老的结构是眼睛中的晶状体蛋白和牙釉质。如果你的卵巢发育健康，那么当你还在母亲的子宫中时，你就已经携带了几千个到几百万个微型卵母细胞，这些原始细胞和你的年龄差不多大，将来也许还会发育成你的孩子。至于文身，由于墨水并非细胞质并且不会被代谢，因此虽说它们比你年轻，但也永远不会消失，如同玉米地里的鹅卵石一样，而皮肤就好比一茬茬庄稼。

总的来说，你的身体组织就是由新生细胞、永生细胞和将死细胞构成的混合物，大多数还是比较年轻的。所以，无论你觉得自己做过的事该如何被赞同或责备，事实上都已经不是你的所作所为了，不是吗？在这个疯狂的世界观下，最有嫌疑的罪犯或许就是你的眼睛、牙齿和一些大脑组织，或许还有你未来孩子的"种子"。

如同你的身体比大多数细胞更老一样，你的细胞也比其中逗留的大多数分子更老。因此，你的表观年龄可以又降低一个数量级。

在史密森学会 1954 年发表的一篇高被引文献中，物理学家保罗·艾博索尔德（Paul Aebersold）讲到，我们身体中几乎所有的原子每年都会被替换一遍。在参考了一些人体生理学有关放射性同位素最早的研究数据后，艾博索尔德宣布："每一到两周，我们身体中一半的钠原子都会被新的钠原子所替代，氢原子与磷原子的情况也类似。甚至有一半碳原子都会在一到两个月内被替换。"接着他又补充道，"一年内，我们身体中大约 98% 的原子都会被我们从空气、食物及饮料中获取的其他原子所更替。"在理查德·道金斯创作（Richard Dawkins）的《上帝错觉》（*The God Delusion*）以及比尔·布莱森（Bill Bryson）所著的《万物简史》（*A Short History of Nearly Everything*）中也反复提到，此刻你身体中的任何原子或分子，几年后都将不再属于你。这样的说法可以迅速激起人们对于世事无常的共鸣，可是到底有多准确呢？

仅仅是水的周转过程就可以让你身体的近 2/3 在两到三周内完成更替，实际的消失过程甚至更快。水分子之间会快速交换氢原子，也会和你骨骼及组织中更大的分子共享原子。最近在一次全国公共广播的谈话节目中，通讯记者大卫·凯斯特鲍姆（David Kestenbaum）与哲学家丹尼尔·丹尼特（Daniel Dennett）说了个关于斧头年代的笑话，和这种情况很类似。他解释道："玻璃柜中陈列了一把斧头，（有人）说这是阿拉伯罕·林肯的斧头。然后我就问他，这真的是林肯的吗？然后他说，当然啦，只不过斧刃换了两次而斧柄换了三次而已。"

在消化的过程中，你的细胞也会把水分子拆开，把碎片接到食物的分子碎片上。当细胞随后将这些碎片重排成个人专属分子时，又会产生新的水分子，并将氧气转变为代谢水。因此可以肯定，你的下一次呼吸会让你自己的一些原子消失不见。

一名 150 磅（68 千克）的成年人体内大约含有 24 磅（11 千克）蛋白质，不仅是在肌肉和肌腱里，还有其他数千种形式。每天，有 11～14 盎司（312～397 克）的肌肉会被分解并替代，不同蛋白质的寿命可以从几秒到数年不等。比如，肌肉蛋白中有近一半都是由肌凝蛋白纤维构成的，平均每天会有 1%～2% 被替换。血液中的血红蛋白更替速度与此接近，而线粒体中提供能量的细胞色素，每 4～6 天其中一半会被循环。根据生理学家伊夫·舒茨（Yves Schutz）发表的论文，仅仅是对蛋白质不断的修饰和修复，就会占去你休息时 20% 的能量，你边看电视边吃的饼干，每五片里面就会有一片的热量因此被消耗。

那么前面对你元素更新的估算到底怎么样呢？你的牙齿与眼睛中含有你出生时就携带的原子，骨骼与跟腱中也含有幼年时期获取的原子，因此一些作者所说的彻底更新就夸大其词了。每年骨骼的更新率大约为 1/10，但是骨骼中不含脂肪的干重大约占到总体重的

7%，因此几乎与此等重的矿物质通常会维持一年以上。另一方面，尽管你的一些细胞会维持很久，但其中的分子和原子却会快速地来来去去：仅仅水和蛋白质的循环作用，就可以在几周的时间里替换超过 3/4 的原子。考虑牙齿、眼睛、跟腱与骨骼中的稳定成分，身体总的原子更新率大约会比艾博索尔德估计的每年 98% 低几个百分点。

至于最终精确的数字，你都可以展开辩论，但有一点是明确的：在你弄清楚这一切之前就已经死了。通常伴随死亡的原子消散过程，其实是我们的生命中正常而持续的一部分，自打出生后，我们就在不断地"融入"这颗星球的元素大池塘。

当然，反过来讲，如果你想活得更久一些，就必须在失去原子的同时，以相同的速度对其进行吸收。你的身体可以收集这些生命原料，加工、分类并最终利用它们，这是件多么了不起的事！对周边环境而言，你就像一条河流那样，既是消费者也是源头，而且这种原子关系可以远远地延伸到你身体以外。你的原子，不仅与地球之间有着象征性和生理性的关联，同样也和地球居民还有太阳系之间存在着关系，甚至也连接着更广阔的银河系。

你的一部分原子来自宇宙射线

1991 年 10 月 15 日，在犹他州盐湖城西南的杜格威试验场，一种本不该出现的不明物体撞进了蝇眼宇宙射线探测器。这个意外来客比原子还要小，蕴含的能量却不同寻常，以致物理学家皮埃尔·索科尔斯基（Pierre Sokolsky）对此形容道："就像一块铅砖砸到了你的脚趾。"相比新墨西哥州一台探测器在将近 30 年前遭遇到的另一颗粒子，这一颗的能量还要强上好几倍，冲击力大得惊人，所以它究竟是以何种方式被抛出的，在当时并不是很清楚。在1991年这次破纪录的宇宙"飞弹"袭来之后，大为吃惊的科学家们将其称为"我的天哪粒子"（Oh My God Particle）。

蝇眼发现的这枚粒子至今仍然因其绝对的冲击力而保持着纪录，不过如今已有更多类似的宇宙粒子被检测到，天体物理学家也开始理解它们是什么，并推断它们从何处而来。这些粒子多数以近乎光速的速度旅行，可能来自最靠近银河系的那几千个星系中的某一个。确定这一距离范围的依据是，即便是最快速的粒子，在与星际尘埃以及其他星际间障碍物碰撞时都会损耗能量，因此像"我的天哪粒子"这么高能的粒子，其旅行距离应当不会超过1亿光年。科学家们猜测了不少源头，包括垂死恒星的等离子体或超大质量黑洞的辐射物。

这些超高能粒子的存在，拓展了20世纪以来科学家们对空间粒子光谱的认识。早期的研究者注意到，空气中存在着不明物质，经常会损坏电气设备，并猜测罪魁祸首可能是地球上的矿物放射线。然而，在将验电器经由气球发射到高空或是直接放置在不同海拔高度的山区之后，物理学家们发现越是远离地球中心的地方，这种袭击越频繁——射线源远在地球以外，而非来自地球。

这类宇宙"射线"是高速飞行的小不点儿，具有质量与能量，从四面八方向我们袭来，大多数是质子，但也包括电子、离子化的碳核、铁以及其他元素，而几乎没有质量的中微子可以穿透整个地球，从你的天灵盖穿过之后继续它们的长途旅行，不会在你的身上留下任何印记。通过对天空进行系统检测，天体物理学家发现大多数粒子的轨迹都在银河的银盘内，也就是说它们来自我们银河内部的邻居。然而，很多最高能的粒子，等概率地从不同方向袭来，也证明其中至少有一些来自宇宙更深处。不过所有这些粒子都可以证明一点，我们身边的那些星球正在经历着新生、存续或死亡，就像原子自身也会命运无常、终有一死一样。

　　太阳风和地磁场会让大多数高速飞行的粒子在抵达大气层之前发生转向，但并非所有粒子都如此。物理学家尼泊尔·拉梅什（Nepal Ramesh）和他的同事们估算，每1分钟，高层大气的每1平方米范围都将遭遇1000次宇宙粒子的袭击。这样一颗粒子撞击到地球——当然这是异常小概率的事件——会发生什么？如果它和大部分粒子一样，一头撞向你头顶上方10英里（16千米）处的某个空气分子上，那么它会制造一场介子和其他亚原子粒子形成的"天空淋浴"，光探测器的黑色底片上会因此留下灰白色的荧光斑点，在没有月光的晴夜记录下它们的踪迹。这些粒子可以留下一条由凝结水滴构成的蛛网状细长轨迹，有助于云层的形成，或者它也可能会穿过你的皮肤，引起细胞损伤、癌变、基因变异，或者仅仅是继续向下深深地钻入地面。

　　你的家乡海拔高度越高，空气保护层就会越稀薄，由此带来的辐射剂量也会更大。根据美国环境保护局的在线测算器，当你乘坐一架喷气式飞机在纽约和洛杉矶之间往返一趟，会让你暴露于5毫雷姆的宇宙辐射强度之下，相当于一次X射线胸透一半的剂量。上述数据来源还可以查到，居住于海拔1英里（1.6千米）高的丹佛人，每年遭受的辐射量（45～55毫雷姆）大约2倍于居住在低海拔地区的旧金山人。拉梅什的研究发现，相比之下，海拔高度1英里的位置上，介子强度接近海平面上的100倍。他们测算显示，在加州，海拔4200英尺（1280米）高的位置上，每分钟每平方厘米会遭到100次介子攻击，也就是说，当你翻山越岭时，每秒钟都会有超过100个介子打到脸上。不管你会撞到多少个，这都是我们所有人都要面临的一大风险。天然背景辐射可以造成伤害，却也可以通过基因变异"创造"（此处加引号，避免被理解成宗教意义中的创造）新的物种，这也是物种演化过程中的关键因素。我们的原子不仅来自早已死去的星球以及宇宙开端的那次"大爆炸",远方的超新星及黑洞如今依旧在对地球上的生物进行着元素改造。

如果你时常关注空间科学,你应当曾经听说过宇宙射线。然而,在和它们有关的"天空淋浴"和细胞破坏结束之后,它们又去了哪里?即便在经历了最为梦幻的冲撞之后,物质与能量都不会凭空产生或消失,只不过是相互转化而已,而无休止的空间宇宙射线风暴就如同撞上挡风玻璃的昆虫一样,不断袭击着快速飞行的地球。这些粒子到底怎么样了?它们还和我们在一起吗?

你一定会很惊诧,你体内一些相对年轻的碳原子其实就是这种撞击的产物。当太空质子撞到外层大气时,它或许会引发一系列的弹性碰撞,最终驱使一颗杂散中子撞入氮原子核,氮原子因此转变成放射性的碳-14,并很快与氧原子结合,成为二氧化碳混到下层。在每1平方码(0.84平方米)区域的天空中,每秒钟都有数千个碳原子通过这种方法形成,一旦落到地面后,便会被植物吸收并进入食物链,最终到达你的体内。

碳-14原子中过重的原子核并不稳定,最终还将分裂出一些亚原子碎片,并转变成原先的氮原子形式。对任何单一的碳-14原子而言,你永远不可能知道它会在什么时候发生这样的衰变,但对大量放射性碳原子而言,平均每5730年都会有一半发生衰变。这种变化随时都会发生。如果构建你DNA链的其中一个碳-14出现衰变,由此形成的氮原子以及粒子辐射的反冲作用,都可能会造成基因编码的错误,如果不被修复便会出现变异。艾萨克·阿西莫夫曾经估测,成年人体内每秒钟都有大约3000个放射性碳原子会像微型炸弹般炸裂。

作为原子武器遗产的继承人,你体内的放射性碳也比你那些核时代前的祖先更多,并且在过去的这半个世纪中,这些残余污染或许已经导致了无以计数的生育缺陷及肿瘤。当你去谈生意的时候,放射性碳也会在你的全身爆炸，就如同是宇宙射线淋浴和冷战核爆的回音，将你和太空深处及核危机阴云联系起来。

你体内的一些水分子也是宇宙"炸弹"。有时对氮原子的撞击会产生氚，一种含有两个中子和一个质子的放射性氢同位素。当你游泳时，或是在阴雨天任由水分子滑过你的发丝时，含有氚的水并不会特别危险，但在你的体内，相比丰度更高的放射性碳，辐射相对较弱的氚却可能造成更严重的损伤。根据阿西莫夫的估计，人体内平均每秒钟会发生三次氚原子衰变。与此同时，空气中遭遇撞击的氮原子会变成碳-12，也就是普通形式的稳定碳同位素。由于它们与构建你身体的大部分碳原子相同，因此也就没有办法精确地知道，你身体中哪些碳原子更古老，哪些又是宇宙孕育的"新生儿"，不过可以肯定的是，你体内一定也带着一些这样的变形体。

空间粒子撞击到裸露的岩石表面时，矿物质原子会被转变为放射性较为温和的氯同位素，或许会进一步溶解到地下水中并最终抵达你的沙拉。这种撞击一直在持续，因此地质学家可以通过样品中的同位素碎片测定冰川漂砾暴露在外的年限——反过来这也有助于校准冰川期的历史。随着岩石发生风化并将它们的原子送入海洋，这些因辐射而产生的氯原子也与地球土生土长的元素混在了一起，所以你的调料瓶与血液中也会含有这些宇宙来客的遗骸。可见，你不仅从生理上关联着你的地球老家——你的原子邻居也遍布整个银河系，甚至也包括宇宙的更深处。

太阳风中的电离态原子核，钾-40和岩石土壤中其他一些不稳定原子的衰变，还有彗星与陨石的碎片，构成了一座粒子乐园，而你将发现一个完全不同于我们想象中的奇异世界。你和你的周围环境会时不时悄无声息地遭遇这些宇宙来客，和放射性爆炸物一同嘶嘶作响，在遥远星体的能量激发下发光。与此同时，大气层会逐渐因为太阳风的撕扯而消散。大气层之所以还能被稳定维持，是因为有地磁场的保护，也是因为火山与生物活动在对其进行补充。最邪恶的太阳风也未能威胁到你的空气补给，但这只是暂时的——几十亿年后，垂死的太阳将会更为激烈地释放剩余能量，将地球大气全部撕去，并随后毁灭整个地球。

当如此多的剧变在这么多层面上发生之时，没有哪种物质可以做到永恒存续。当进入你身体中的物质流最终变慢或停滞了足够久，你这个短暂存在的原子聚集体就如同一座村镇，只会单向地向大城市迁徙。人类、文明、物种甚至行星与恒星，最终都将会灭亡，只剩下它们的原子走向更深邃的时空终点。不过我们还是说说从现在到永恒之间更短的时间跨度吧，具体一点就是：当你死去时，你的原子会如何？

当你死去时，你的原子会如何

英国葬礼仪式中有一句悼词："尘归尘兮土归土。"而这句著名的悼词来源于圣经中的"你本是尘土，仍要归于尘土"以及"我使火从你中间发出，烧灭你，使你在所有观看的人眼前变为地上的炉灰"。这些说法是为了慰藉亡灵，并非从生物与化学的角度解释，写下这些句子的人对碳原子与共价键也是一无所知，当然他们也不需要知道我们是由无生命的物质构成的。

你当然可以随心所欲地讨论神学和哲学，但至今为止没有任何被普遍接受的观点可以说明灵魂是什么或是当你死去时"你"发生了什么变化，或许永远也不会有。不过倒是有一些确定的科学事实可以让你足够信任，并在原子层面上阐述你的信仰与传统的基础。

简单来说，你身体中的大部分最终都将变成气体而非尘土，也就是由二氧化碳和水蒸气构成的看不见的"元气"（spirit），而这个词的意义源自拉丁语"呼吸"（spiritus）。在我们深入探讨之前，不妨暂停思考一下，有1/3到一半的美国人相信形而上学的"元气"，那么原子性质对他们有何意义？

很多世俗观念都认为，人在死亡的那一刻，正是灵魂离开肉体的时候，然而这一说法并没有可信的证据支持。2007年，softpedia网站上由科学编辑卢锡安·多内亚努（Lucian Dorneanu）撰写的一篇文章对此进行了解释：即便你能不择手段地成为一个会穿墙术的古典鬼魂，你也做不到你所期望的那样。比如说，因为你的脚是非物质的，也就不会与地面之间产生摩擦力，所以你并不能行走，而且你可能也不会被别人看到，因为你缺乏可以反射光线的原子。如果你的魂魄不是由原子物质构成，那么还可以假设它是一种能量，因此不具备密度或惯性，也就不能操控物体或是让空气分子产生运动，用抑扬顿挫的音波进行演说，或是发出令人毛骨悚然的鬼哭。而且，一般假想出来的鬼魂形象都会穿有衣服，但我们所穿的织造品似乎也不可能变成幽灵。的确，科学并不能证明鬼魂绝对不存在，但原子性质却至少可以说明，鬼魂不会像大多数恐怖电影和小说中描述的那样。

如果你还想知道关于人体腐烂的一些血淋淋的细节，我们还可以转到其他一些可能令人不安的话题，然后你还可以读读一些法医专家的文章，而他们工作的地点则是像田纳西大学位于诺克斯维尔附近的"尸体农场"，在这里，尸体被直接暴露在外以供科学研究。简单来说，即便你在死后经过防腐处理并被埋在一副结实的棺材中，你的原子最终也仍然会消散。不过在其他一些条件下，这个过程可以更快更彻底地发生，所以基于洁净的考虑，不妨用火葬代替这一过程，开启我们的思维旅行。

当你由生入死后，你的细胞将会缺氧并开始窒息。作为结果，你的线粒体会停止制造ATP，肌肉纤维不能再收缩，神经系统中的离子泵也没了能量供给。尽管在显微镜下，你刚刚死去的细胞看上去还是活着的，那是因为水质内部粒子的布朗运动还会让细胞持续翻腾，但是在原子层面，运动本身并不见得就代表着生命存在。

在现代火化炉中，原子会在1400～1800华氏度（760～982摄氏度）的高温下跳跃，让一切变得更为迅捷。几分钟内，你体内流淌的水分子就会因为剧烈运动，不再被氢键所束缚。当各自弹开后，它们便以蒸气形式逃逸到了空气中。

当你的水分逐渐离你而去，脱水的遗骸继续被加热，运动越来越剧烈的碳原子也将变得想要逃离，不过这个过程还需要些帮助。当蛋白质和其他一些有机物分解成炭黑时，这些黑色颗粒会因为断裂的化学键与热运动产生的巨大能量开始发光。空气中的"天使"——氧气会将你的碳原子悉数带走，为它们装上翅膀形成 CO_2 飞到天空中。随着这些氧原子护卫的加入，你身体中的碳原子变成3倍多重量的气体，平均一名成年人可以产生超过100磅（45千克）稀疏分散的二氧化碳。通过类似的方式，氢、硫和氮原子也将以水蒸气及气态氧化物的形式从你的蛋白质与体脂中逃离。

跟着这些气体一同爬上烟囱，可以看到你身体最后的原子的其他一些重组结构。胃酸中的很多氯原子将会再一次形成腐蚀性的烟雾，就像它们很久以前从火山口喷发的那样。如果你生前曾用传统方法补过牙齿，那么银汞合金中的汞原子也将松动并逸出，我们希望在给其他人的细胞造成损伤之前，它们可以被过滤器捕获收集。如果你在美国死去，你的填充物产生的汞蒸气真的有可能威胁他人的健康，因为目前没有任何一条联邦法令对此进行约束。尽管很难确定可靠数据，但对全美的估算，每年因火化造成的汞排放量在数百磅到数吨之间。

在火化炉中待上几个小时之后，你先前从空气中获取的原子都将离去，剩下那些从岩石与土壤中获取的原子。这些骨灰，是你骨骼中刨去那些可燃胶质之后所剩无几的矿物质晶体碎屑，以及少量盐分和铁锈的粉末，除非你的体内还携带着其他物件。尽管为了谨慎处置此事，殡葬行业进行了很多努力，然而火化过程还是偶尔会遭遇因心脏起搏器或硅胶移植体引起的爆炸，最终，任何从猎枪子弹到金属假肢铆钉之类的物品都会在火化完成之后，化为熔炉底板的一部分。

当火葬场的员工向你的家人移交你那剩余的 4 ~ 7 磅（1.8 ~ 3.2 千克）骨灰时，要知道，这些粉末与壁炉或营火产生的灰烬并不相同。柴火灰烬主要是钙与钾的碳酸盐（相对低温时）或钙与镁的氧化物（相对高温时）。相比之下，你的骨灰主要由骨骼中的磷酸钙构成，此外还有点钠与钾的盐末。躺在骨灰盒中的骨灰之所以呈细颗粒状，并不是因为它们叫"骨灰"，而是因为它们是被粉碎成沙粒大小以便携带，或许也是为了避免家人因为看到更大块的骨骼时引发的微妙情绪。

这便是关于你身体的全部。你的大多数原子将飘散在空中，而剩下的那些，将取决于你的"骨灰"守护人如何处置。故事到此为止了吗？很难讲。对这些原子来说，你的死并不会让它们终结，只不过是让它们从几十亿年前就开启的史诗般传奇又翻过新的一页，而故事还将持续很久很久。

你的死亡并不是原子的终结

那些火化时产生的水和二氧化碳，会随着风到达地球的任意角落。如果你是在中纬度的位置火化的，下降气流通常是向东前行，而如果你的生命终结在赤道附近，则更多会向西飘散。这些地理信息，再加上大气科学家的努力，让我们可以想象如何跟随你的原子开启它们在你死后的旅程。

我们假设你和 1955 年时的爱因斯坦一样，在新泽西的特伦顿火化。与爱因斯坦一样，你身体中气化的那些残余物将很可能化作一道青烟，飘过北大西洋上空，确切的路线与流速则取决于天气和海拔高度。不过如果你只是满足于一般估计，那么可以天马行空地遐想接下来的过程。

大气中在空气最为密集的下层 10 英里（16 千米）厚度中，地面平均风速一般在 5 ~ 10 英里 / 小时（8 ~ 16 千米 / 小时）；随着海拔提升，风速也会显著加强。在新泽西所处的纬度，地球周长大约为 19 000 英里（30 600 千米），按照平均风速为 50 英里 / 小时（80 千米 / 小时）的合理估计，你的水蒸气和 CO_2 将会在 16 天内环绕北半球一圈，考虑到风带中的湍流也许会接近 3 周的时间。在它们第一圈环游世界时，大多数原子并不会与能够吸收它们的水体或植物接触，任何人想在你被火化之后跟你的碳原子打招呼，只需要等上几周，向头顶上的空气挥挥手就可以了，尽管这些残余物很稀薄。不过，通常大气中水蒸气的逗留时间不会超过 2 周，所以你的大部分水分子应该已经凝聚成雨雪，或是成为沿途云层中的水滴了。

当它们绕地球 3 圈之后，你的这些气化原子还剩下多少依旧会从观察者眼前通过呢？北半球的表面积大约有 9800 万平方英里（2.54 亿平方千米），因此如果你的碳原子均匀地分布于此，那么在任意时刻，每平方英里上空都将飘浮着 1000 亿亿个这样的原子；或者说，在头顶上方每平方英尺截面的空气柱中，都有 3600 亿个碳原子曾属于你。因此，在你火化几个月后，如果有人抬头望望天空，那么在他的视野范围内将可能搜索到你的几万亿颗碳原子，尽管它们并不可见。如果再等上几周，细菌将你那些氧化后的氮原子转化成光散射性的氮气，那么他们也可以想象，你也正在给天空增添一抹蓝色。

在此之后，你的气化分子又将何去何从？它们的原子最终会被编织到树木之中，或是在一些森林中以氧气的形式释放，除非在你的某位后裔体内才会再次转化为代谢水。也有一部分原子会被宇宙和太阳辐射撕裂。一些飞到大气层最上方的氢原子也许会被太阳风吹散到太空中，在那里它们会被离子化并加速，某种意义上讲，它们被遥远星系的宇宙射线"狙击手"再次发射。

几周内，你的大部分残余水分子会凝聚并降落。如果它们掉落到海洋中，也许会和邻近的分子进行原子交换，不再是原本的状态。不过，在被海藻及蓝藻分解或被蒸发然后落到某处陆地之前，大多数氢氧原子都会持续跳着这支"水分子交谊舞"。在接下来的几百万年里，它们还会以无数形式出现在这个世界上，或许是树莓汁，或许是海龟泪。

至于你那些飘在空中的碳原子，最终也会溶解在雨滴中，并落到陆地上和海洋里，或是被植物直接从空气中吸收。落在陆地上的二氧化碳也许会被切断它们的氧原子双翼，并成为植物中有机分子的一部分，再被动物吸收，最后或许成为你后代的一部分。更多的可能是掉落在海洋中，海藻也许会将它们收集。这些海上漂泊者，很多最终都会成为鱼、鲸和鸟类的食物，而当它们成为排泄物或是从皮肤上脱落后，又被细菌奉若珍宝。在更长远的未来，它们中的一部分会沉入海底，被淤泥所覆盖。再过数百万年，它们也许会随着海洋中的俯冲板块向地幔中滑落，在剧烈的高温高压下，它们中的一部分也许会结晶为钻石。

假如你相信网络上的广告，那么你的一些碳原子也许可以更快地成为钻石。如果你的亲属希望如此，他们可以找到一大堆公司提供这种将骨灰碳压制成人工钻石的服务。网上的说明很简单：将骨灰与加工费寄给他们，经过几个月的秘密加工，就可以获得具有纪念意义的可爱宝石了。如果你的骨灰在相对较低的温度下形成，那么骨骼中残余的碳原子与烧焦的碳应该确实足够制造一颗钻石。不过质疑的声音也指出，骨灰中的残余碳原子相当缺乏，并且如果在死者亲人最脆弱的时候收了钱财，过几个月寄过去一颗网购的低廉钻石也是很容易做到的。

如果你真想留下一个美丽的"碳"回忆——其实你已经做到了，并且不用花一分钱。在你的一生中，你会通过呼吸、死皮和其他形式脱落碳原子，积累起来的重量远远超过你现在的体重。你的碳原子早已遍及全球，从你出生之后，它们在羽毛、鱼鳍或花瓣——以及我们需要理性面对的粪便——之中待过，总之千型百态。实际上，你所爱的人到过的任何地方，都可能会亲近你曾经拥有过的碳原子，其中一部分甚至已经在他们体内定居。不过如果你需要更集中、专一而稳定地记录自己的轨迹，树干上的沉积物会是一个不错的选择。

如果一棵树在你久居的地方生长，那么在过去的生长季节里，它将很可能吸收了一些你呼出的碳原子并将其编织到了树干之中。

●每一棵木本植物的年轮中都含有碳原子，它们来自叶片在连续的生长季中所吸收的CO_2。如果你在这棵树旁生活了很久，那么你先前自己的一些碳原子也可能已经嵌入了这些年轮中。照片由科特·施塔格拍摄

很多树都会生长同心圆形状的年轮，因此确定树干中哪些部分含有曾经由你呼出的原子也不是没有可能。如果一棵树生长在你家附近或是在你经常走过的林间小道边，那么你和它接触的时间越近，你的碳原子也会更靠近树皮。树干保存着这些和人类活动有关的原子，这可不是神秘的猜想，而是一个事实，可以通过对那些生长于大城市 CO_2 穹顶之中或下风口的树木年轮进行同位素分析进行确认，可以根据全世界范围的树木年轮中存在炸弹来源的碳进行确认，也可以通过鲑鱼氮掺入太平洋沿岸植物的类似过程进行确认。

身体组织中碳同位素的动态平衡同样也显示，在你的一生中，你一直都在向环境中扩散。随着时间变化，食物中碳 -13 与碳 -14 同位素会越来越少，而你的碳原子会持续不断地通过食物更新，因此随着你不断"丧失自我"，你自己的同位素平衡也会在你的一生中发生变化。几乎你的所有原子都会在一年内被替换，而火化的一个主要区别就是一次性地将你消散，或许，活着的身体与腐烂的尸体之间，最大的差异并非原子的离去，而是没有新的原子补充。

那么所谓的骨灰又如何了呢？这首先取决于它们会去往何方。如果有人将它们撒到田地或花园中，那么你的矿物质元素将很可能被植物的根部吸收。比如爱因斯坦，传说他的家人和朋友将他的骨灰撒在了特伦顿附近的一条河中，所以大西洋是他可能的目的地。河水的湍流以及弱酸性有助于将这些骨灰溶解，而当他的原子扩散到海水中时，海藻利用他的磷和铁构建细胞膜与线粒体，蛤与螺将他的钙吸收到外壳中。任何不被溶解的部分都已被沉淀所覆盖，未来还会像卡罗来纳海岸那样形成沉积的磷酸盐，也许墨西哥湾洋流还会将爱因斯坦牙齿上的一些磷原子送回他的出生地，在那里，它们第一次从德国某个农场的矿物质母体中出现。

思考有关死亡的太多细节很难，要接受上述过程不是幻想而是事实，或许会更难。不过，科学关注的只是事实，不管我们更愿意相信什么，如果要说什么是放之四海而皆准的道理，那么你可以确信一点：死亡会带走你的原子。也正因此，无数生物还会在未来繁衍生息。想到此，我们不禁想知道——未来到底有多远，有什么东西是永恒的吗？

任何物质都不会永恒，但你却一直都在

人类心理中更为尴尬的一个方面是，我们知道在不能永生的问题上，人类并不是唯一的，于是总是倾向于通过这一点寻求安慰。根据世界卫生组织测算，2005 年大约有 5800 万人死亡，其中 2/3 是因为衰老，随着世界人口的增长，每年的死亡人数也会递增。是的，没有人可以逃脱死亡，不过知道人必有一死，也许可以让我们不会对此过于痛苦。

知道这一点也有助于明白：非生命状态是常态，即便对你来说也是一样。想一想：当《独立宣言》在费城被签署的时候，你身在何处？当罗马帝国衰亡之时，你又在何处？在过去的 138 亿年中，你都是"死亡"的状态，直到最近这短短的数十年。因此从统计意义上讲，生存显然比死亡偶然多了。

如果让新生儿背负你的"遗产"，你是否就逃避死亡了呢？其实也不会长久。平均来讲，你的女儿或儿子携带的基因中，也不过只有一半来自你，到了孙辈就只剩 1/4 了，按族谱延续下去，"带有你的基因"不过只是个修辞手法罢了。你不过向受精卵贡献了一半染色体，而你的任意一个后代体内的上万亿组基因都只是从受精卵中最初的那一组获得的分子复制品而已。而且不要忘了还有宇宙射线、放射源以及其他各类诱导突变的物质。基因会随着时间变化，这也就是你为什么是你而不再是阿米巴原虫。

没有了你，生命现象还会延续，但也不是永远。你可以把你认为永恒的事物列个清单，而原子观点却可以说明其中没有任何一样是真正永恒的。

想象一下当你死去以后，世界会有什么变化？生老病死的故事延续了何止千万年，而变化依旧在发生着。所有我们熟悉的地貌最终都将因为抬升、下沉或风化而消失。大陆会碰撞，海洋会闭合或重生，新的山脉也会发育或消亡，物种也是如此。你如今所能看到的大多数原子——你周围的面孔、景点或生物——在未来的世界里都将继续在生存与死亡之间徘徊。甚至连看上去永生的地球以及构建它的原子，最终在更遥远的未来也难逃厄运。

如今供养着我们的太阳，最终将膨胀成一颗红巨星。当它膨胀之时，作为反应，地球上原子的热运动也会跟着加速。从现在算起大约 10 亿年后，太阳会增亮大约 10%，导致水分子的热运动过于剧烈，不能像如今这般稳定凝聚。缺乏足够的降水，海洋将会逐步蒸发，进入日渐湿热的大气中。而在从现在之后的大约 30 亿年，太阳会更加明亮，水分子将只能以蒸气状态存在，就像如今的金星那样。浮游生物不再能够生产氧气，而植物也会因为雨水匮乏，温度攀升，以及厚重的云层而灭亡。没有了原子营养源的基本供给，动物也随之灭亡，只留下地下的细菌伺机而动，直到地球上的环境不再能够满足任何生命生存。

当那一天来临时，这颗星球上的生命轨迹可以在时间轴上描绘成一个锥形的波峰，由各种原始细菌构成的薄薄边缘起源于 40 亿年前，多样化物种构成的高峰持续了大约 20 亿年，最后日渐衰落，还是终止于微生物。你的生命出现在"生命高峰"的中部。在你短暂的生命之后很久，也就是 50 亿～ 60 亿年后会迎来一个更有决定性的终点，垂死的太阳最终会把你的原子——当然还有我们其他每个人的——吹向太空。

不过即便到了那时，在太阳消亡的内核冷却，地球被彻底驱散之后很久，你大多数原子的原子核仍然会存续。它们将以星云的形式扩散到星际之间的太空，就像太阳系形成前的那样。很多原子会失去电子，但其他还有很多会逗留在尘埃中的飘浮颗粒中。对那时的氢原子而言，它们在地球上所待的时间，差不多占它们诞生后的一半。几十亿年后，它们中的一部分也许会被银河系中的某个星球俘获，也许同时还有你的其他元素。如果这些星球足够巨大，可以让它们发生聚变，那么这也就意味着它们走向了终结，即便到了那个时候，多数亚原子粒子仍然会延续，只不过换了种新的原子核组合方式。

而这些也将会消逝。最终，整个宇宙会因为没有足够的氢原子而不能引发新的恒星聚变，剩余的星球会一个接一个地被烧尽，宇宙也将慢慢变得黑暗。宇宙学家将我们在地球上的岁月定位在"多星年代"中，这是大爆炸之后的一场烟火盛会，我们身边随处都是爆开的宇宙光弹。不过即便这一漫长的时代，对整个时间跨度而言，仍只是很短的一瞬间。当最后的恒星燃料也被消耗殆尽后，宇宙还会持续膨胀，粒子内不断扩张的间隙会让你的原子孤独地飘散在茫茫黑暗之中。

如果很多宇宙学家最新的这些猜测是正确的，那么在数万亿年后，所有残留的原子都将停止它们的热运动，熵带来最后的终点，宇宙亡于热寂。随着它们的能量逐渐消散，如今构成你身体的那些原子——是的，包括所有的原子——都将化作相对论所描述的，由亚原子弦和夸克构成的雾。

所以可以看到，不仅是你自己将会湮没，就连构成你的那些原子也不能幸免。不过你自己的物质和你的世界无法避免的剥离也揭示了很多其他事实，看起来似乎有些矛盾，但也许会给你带来一丝慰藉。

任何物质都不会永恒，但你却一直都在。

你的身体以及世界上的其他物体都由原子构成，这些"物质"飘浮在时空之中，也就是爱因斯坦所说的四维矩阵中。当物质与能量伴随着宇宙衰老而消散，什么都不再存在，什么都不再发生，只有空无一物的状态会永远持续，在毫无特点的时空中冻结。

不过如果你渴望不朽，你也许可以用心领会爱因斯坦的物理观。时间中的位置和空间中的位置一样真实，即便在宇宙的历史中，你只是通过一场单向的时间旅程简单地造访了一下。你生命的一瞬间会永远地在时空中定格，如同宇宙诞生之日起每个人的生命与经历以及其他所有物质那样。

尽管有些时候，不近人情的科学与个人层面的情感或意图并不相容，但没有什么事情可以偏离事实。如果你的世界观符合物理事实，那么即便看上去很可怕的观点，有时也会带来鼓舞与安慰。如果你对我的话有所质疑，那么或许亚伦·弗里曼（Aaron Freeman）可以说服你。

弗里曼不是一位疯狂的"冷血科学家"，而是一名电台主播、喜剧演员和剧作家，所以他的人文头衔还是可靠的。最近，他在网上撰写的一篇文章流传很广，深受科学家和普通民众喜爱，我将在此与你分享其中一段。

"你需要一名物理学家在你的葬礼上致悼词。"他如是写道：

> 你需要一位物理学家和你那悲伤的家人谈谈能量守恒原理，这样他们将会理解，你的能量从未死去。你需要一位物理学家提醒你那正在啜泣的母亲，热力学第一定律早已告诉我们，能量不会凭空产生也不会凭空消失。你要让你的母亲明白，她心爱的孩子将所有能量，每一次原子振动、每一千卡热量，以及每个粒子的每一次波动，都留在了这个世界上陪伴着她。

顺着这个思路，弗里曼继续提出："那些曾经在你脸上弹跳的光子，那些曾被你的笑容改变路径的粒子，那些拂过你头发的无数粒子，早已像孩子般远去，但它们的轨迹却因为你永远地发生了改变。"

他解释道，从这方面说，你所爱的人未必需要单纯依赖信仰，因为这背后的科学精确而不矛盾，也是可以被证实的。

随后他满怀希望地总结，你的家人将会"因为知道你的能量依旧存在于左右而得到安慰。根据能量守恒定律，你的任何一点都未消失，只是不那么有序了而已"。

当死亡的残酷事实打击了你或你所爱的人时，这样的观点或许可以缓和气氛，或许于事无补，但至少它们可以帮助我们建立对客观事实的合理认知。死亡揭示我们真实的原子自我，就像我们其实是古老而奇妙的粒子宇宙中无比微末而又无比珍贵的一部分，我们短暂地存在于斯，我们的身形和经验产生于斯，最终也将消散于斯——只不过是时间问题。

后记　爱因斯坦和他的阿迪朗达克山脉

> 当呼吸凝结成冰晶悄悄落到地面时，西伯利亚人坚信这是星星在低语。
>
> ——戴维·希普勒（David Shipler，《纽约时报》记者）

> 我们能够拥有的最美好体验就是神秘感——这是诞生艺术与科学的摇篮中一份必不可少的情感。
>
> ——阿尔伯特·爱因斯坦

在我出生的前一年，阿尔伯特·爱因斯坦离开了人世。1955 年 4 月，他拒绝对动脉瘤破裂进行外科手术，并强调："人为延长生命毫无意义。我已经完成了分内工作，现在是时候离开了。"

尽管从未见过他，但和很多人一样，我总感觉和他之间有着某种联系。他改变了我们对自身和宇宙的理解方式，并且虽说他的很多前辈与同辈也充实了我们的知识体系，但我还是认为他是将人类带入原子王国最具决定性的那个人。

撇开我们共享的这些智力遗产不说，我和爱因斯坦还有一些其他的共同点，这也是我自己在撰写本书期间查找背景资料前才了解到的：他和我都熟悉纽约上州的阿迪朗达克山脉，并且都钟爱此地。

很多有关爱因斯坦的形象都是他在伏案工作或是在黑板前的回眸一笑，但其实他一有空就会去演奏小提琴、玩帆船或是尽情享受户外生活。他曾说："深入自然，你才能更好地理解任何事。"他非常喜欢设计生动的思想实验，用加速的火车与变慢的时钟这些故事来解释他的相对论。关于原子王国的研究也是如此，不过却更为真实一些——我可以领着你前往阿迪朗达克山北部的萨拉纳克湖，那里是爱因斯坦生命中最后几年的避暑之地。毕竟，如果原子确实如他所证实的那样真实，那么它们存在的迹象也可以在野外被捕捉到，如同在物理学家的实验室中或是天文学家所说的遥远超新星上那样。

对你而言，跟随爱因斯坦的隐居之旅也许只是停留在纸面上，但于我来说，这片湖泊以及它周围的原子环境真是再熟悉不过，因为我就住在那里向南几英里的路旁。

萨拉纳克湖边有个小镇。现在可以开始想象，我们驶离镇政府边的十字路口，穿过一座小桥后左转，顺着花湖（Lake Flower）的湖岸前行。富有历史感的木质房屋在水边林立，简朴而诱人，人们如今依然在这里驾着帆船穿过狭窄的花湖水道，就像 70 多年前爱因斯坦曾经做过的那样。

沿着森林茂密的山道，经过长长的一段上坡之后就可以看到我们要寻找的地方了，一路堆满了表面刷有白漆的木料，多半是要用于装饰老式木屋。当我们接近前门时，一条狗友好地蹭了过来渴求我们抚摸。门是开着的，从里面飘出一阵香味，那是刚刚烘焙好的

●萨拉纳克湖边的房子，1936 年阿尔伯特与艾尔莎曾在此处避暑。照片由科特·施塔格拍摄

饼干散发出的独特芬芳。一位自称佩蒂的妇女迎上前来——这位资深烘焙师知悉爱因斯坦"避暑山庄"的一切故事。

"没错，就是这个地方！进来随便转转……"

佩蒂和她的丈夫迈克给我们展示了餐厅中木质壁炉上一根被点过的香烟。"我们非常确定这是他吸过的烟。"佩蒂信誓旦旦地说道。不过即便不是，爱因斯坦的气息还有皮肤角质的原子大概都已经深入到了这些木纤维的毛细孔中，与如今这些居民融为了一体。

起居室很长，也很舒适，有座传统乡村式的壁炉，而硕大的窗户外，被硬木林覆盖的斜下坡尽收眼底。"倒退到1936年，那时，爱因斯坦和他的妻子可以从这里直接看到湖面，"迈克解释道，"如今树林都长起来了，景色也被挡住了。"从19世纪后期直到20世纪初，由于人工砍伐以及意外火灾，阿迪朗达克山区的大多数森林都不见了踪影。相比爱因斯坦度假的时期，如今萨拉纳克湖边的丘陵显得更为原生态了，也许只有屋子旁边最老的那些树干里才可能找出不少曾经属于他的碳原子。

佩蒂随后领着我们上楼。"卧室还是原封不动，不过盥洗室不是了。"几年前盥洗室重新装修时，当地几个年轻小伙儿把"爱因斯坦的马桶"抬了出去，埋在了树林里。她说："这对他们来说是种特别的奖赏，直到现在他们依旧对马桶墓地所在的秘密地点守口如瓶。"

佩蒂确信，位于角落里正对公路的那间最小的卧室，就是爱因斯坦曾经居住过的。"他和艾尔莎一直分房睡，后面那间稍微大一些的卧室可能是她的，里面有个大衣柜。"

我记得我曾读过有关艾尔莎的书，我了解她是如何冲破近亲关系（他们是堂姐弟）的障碍，最终和这位被她称作"阿尔伯特儿"（相当于德语中的"小阿尔伯特"）的人结婚的，我也知道这位头发蓬乱的名流对婚姻的誓言很是淡漠。也许到了晚上他们都更喜欢拥有私人空间。尽管这也许不能反映这对著名夫妇私生活的所有细节，但还是可以推测这是由爱因斯坦麻烦不断的家庭关系引起的。艾尔莎一直饱受慢性疾病的折磨，出于休养和康复的需要，他们在1936年的夏天一同来到了萨拉纳克湖，但病魔还是在几个月后终结了她的生命。站在他们曾经的寓所里，很容易想象，艾尔莎的病痛恐怕也是让他们那时难以同房的原因吧。

房东一再跟我们说，我们可以随便待多久，不过现在没那么多时间了。

在此度假的第一个夏天，爱因斯坦在一个傍晚应邀前往诺尔伍德山庄赴宴，那是萨拉纳克湖畔一片幽静的树林，坐落在镇区西侧，艾尔莎离世后他还去过不少次。庄园的所有权属于一家由众多显赫家族构成的俱乐部，其中就有环境保护学家罗伯特·马歇尔（Robert Marshall），他因为协助创立荒野保护协会而闻名于世。这里简直是休假者的天堂：美丽的山林风光，几间闲适的村舍依偎在主屋旁，还有一汪点缀着几座小岛的湖泊可供帆船游玩。马歇尔后来记录了他的贵客到达此地后的反应："我很少看到有人会像爱因斯坦教授一

● 1936年夏天的萨拉纳克湖附近，站在清水湖（Lake Clear）边的爱因斯坦，陪着艾尔莎（也许因为身体有恙坐在椅子上）和他的继女（站在艾尔莎身后）。感谢萨拉纳克湖公共图书馆提供的阿迪朗达克丛书

样，看到此地的自然环境后显得如此激动。他不停诉说着这里的人迹罕至，与主流的美国相比大不一样。"

黎明后不久，我们从杜索码头划着独木舟启程，打破了犹如镜子一般平静的湖面，而这里也正是爱因斯坦经常泛舟的地方。水分子托举着我们，而它们正做着爱因斯坦笔下的"布朗运动"。然而不管它们如何振动，氢键还是顽强地将水分子牢牢扣在一起，因此重力作用可以将整片水域"熨"成波光粼粼的水平面。尽管如此，还是会有些水分子悄然脱离湖面上升，只会在晨雾中冷凝而现身，而远处沿岸馥郁的白皮松则向空气中释放了更多这样的水蒸气。当我们的桨划入厚厚的水中时，手心里的汗也在提醒着我们，我们的每一次呼吸，也有同样的一些分子正跳着舞从我们体内流出。

宽广的湖面倒映的，是我们头顶上的氮气分子在太阳风的激发下散射出的蓝色。很难想象当年爱因斯坦驾着帆船，漂浮在这同一片天空与湖面之间时，他会不去思考这些问题，毕竟这还都是他对我们知识体系的贡献。当我们离诺尔伍德山庄越来越近时，空气中的氮分子拂过我们的发丝，像是在问候它们的那些氮原子亲戚。这些蛋白质终将从我们身体上脱落，解离出的氮原子会和爱因斯坦白发上掉落的其他原子一同混合在空气中。再后来，同样这些原子或许又会被化工业所捕获，那是爱因斯坦的朋友弗里茨·哈伯发明并优化的合成氨工艺。未来它们也许又抵达了某人身体里，而那人正划着桨，就像我们现在这样享受着"氮气蓝"的天空下清风拂发的惬意生活。

我们周围的湖面上出现了一些牛眼大的晕圈，过往云烟用一场短暂的细雨留下了它们的踪迹。雨水的唑唑撞击声提醒了我们，还有一场由宇宙粒子形成的阵雨也在洗礼着我们和这片湖面，这可不仅仅是将雨滴比喻成了原子。交通工具以及中西部各州火电厂燃煤排放的氮氧化物和硫氧化物也混入了这片湖泊，降低了它的 pH 值。

●爱因斯坦驾船航行在萨拉纳克湖上

除了湖泊河流，酸雨也向周边森林里的食物链提供了氮源，将它们变成了"不洁森林"，和太平洋西北地区富含氮元素的鲑鱼森林倒是有几分相仿。作为本地草莓与鲑鱼的消费者，我头发中的蛋白质一定也含有部分这样的废气氮原子。然而，我更希望在中年之后逐渐稀疏的头发中，少一些这些污染物来源的氮原子，多一些像一头老灰熊那样在毛发里带着些"舶来"之氮。

一只潜鸟在我们船舷前方探出头来，展示了它的战利品——一只鲈鱼，将其吞下后，它又再次潜入水中。上风方向遥远的火电站排放出的汞原子，此刻正从鱼的体内融入鸟的体内，也许会造成这只潜鸟越发慵懒，不愿去打理它的巢穴。这片森林的那些已变成化石的祖先，氧化之后游荡在我们和这些新生的森林之间，和那些从遥远海洋置换出的 CO_2 同伴纠缠在一起。它们给这里每棵松树的每一根针叶都提供了额外的 1/4 碳原子红利，而当爱因斯坦第一次到达此处时，碳原子还不过只占 1/10。

1945 年 8 月上旬，当广岛与长崎被摧毁的新闻传到阿迪朗达克时，爱因斯坦正在诺尔伍德度假，和他的妹妹玛雅一起享受着帆船假期。在这个由 $E=mc^2$ 证明的残酷事实中，不到一盎司的铀或钚完全转化为能量后，就可以夺走数万人的生命，《奥尔巴尼联合时报》（*Albany Times Union*）的记者理查德·路易斯（Richard Lewis）在 8 月 11 日驱车前往诺尔伍德，询问爱因斯坦对此作何反应。

●萨拉纳克湖面上位于诺尔伍德的船库和码头。爱因斯坦居住过的 6 号院就隐藏在它们后面的那片树林中。照片由凯瑞·约翰逊（Kary Johnson）拍摄

在俱乐部负责人的协助下，当晚他终于在 6 号院见到了爱因斯坦，完成了独家即兴专访，而爱因斯坦当时已在全世界范围内拒绝了很多类似采访。在表达对原子弹轰炸的无奈之后，爱因斯坦告诉他："在发展原子能的过程中，科学并没有创造出超自然的能量，只不过是模仿了太阳中的反应而已。原子能并不比我乘着帆船划过萨拉纳克湖这件事更不自然。"

爱因斯坦并没有直接参与核武器的研制。他是一位和平主义者，而且他也很怀疑，原子裂变产生的能量是否真是可控的。与他同时代的欧内斯特·卢瑟福（Ernest Rutherford）同样对核能持悲观态度，并声称："原子裂变产生的能量少得可怜，将原子能作为能源无异于天方夜谭。"即便是相信核裂变可行的很多科学家

们，也非常担忧，认为这过于危险不应该尝试。化学家弗朗西斯·阿斯顿（Francis Aston）在 1922 年的诺贝尔颁奖典礼的演讲中说道："这种能量何时能够实际应用虽然遥不可期，但值得我们一直去研究，一旦它们完全被解放，就会彻底不可控，巨大的威力将摧毁周边的一切物质。这样的事故会导致地球上的氢原子瞬间转化，而实验的成功之处就在于让宇宙中又多了一颗新星。"

1939 年的时候，一位朋友告诉爱因斯坦，德国正在开发一种使用原子能的超级炸弹，于是他带着万分不情愿向罗斯福总统提议，催促他也开展同样的研究。不久后他便对这个决定感到后悔，并强烈反对进一步发展核武器。如果他活得更久一些，他或许还会继续抗议他和地球上其他所有人的身体都被铯－137、碳－14 以及其他一些放射性同位素污染了，这些都是核爆试验在世人共享的大气圈中留下的遗迹。在阿迪朗达克湖泊中的湖床上也有一层富含铯的淤泥，对应的时间则是 20 世纪中叶，而我自己的科研中也利用这一全球性铯元素突跃对沉积物岩芯进行定标，只不过取材于遥远非洲的湖床。

当我们靠近诺尔伍德的船坞时，炽热的阳光从蓝色的天空深处照射过来。爱因斯坦一定也会暗自得意，因为他那著名的质能公式显得简单而优雅，也解释了这团令人目眩的火球。夏日里的阿迪朗达克，具有波粒二象性的光线火力全开，这些恒星之光的原子源头也被充分展现。我们之所以能看到湖泊、岛屿还有森林，多亏了这些因氢核聚变而产生的可见光能量，在触及我们的眼球之前，从这些物体上向四面八方发散。跟着光一同抵达的热量，引发了原子的热运动，而这一过程竟是如此精确，使得地球上的水可以固、液、气三相同时共存，无论北极点在冬季时如何背离太阳。

如果不用蘑菇云或涂鸦公式之类的事情去谈论爱因斯坦，公众还是更愿意将他和夜空联系在一起，也许是因为他关于时空一些广为人知的理论——当我们仰望星空时，光可以让我们看到历史。这些关于星空的讨论，可以勾勒出他在银河光辉之下思索黑洞的情形，然而他的一些有关物质与能量关系的观点，即便在白天的阿迪朗达克野外，也有着巨大的影响力。

简单地将"太阳"这个词替换成"恒星"，或许可以改变你对什么是真正田园风光的感受。当你平躺在温暖的甲板上时，一般感受是大火球"悬挂在空中"，而非"在太空中和我们做邻居"。以这样一种水平视线观察，太阳就在眼前，这比它在头顶时更容易让你感受到，其实并没有什么用于支撑的基座或缆绳，于是你会发现，我们太阳系中普照万物的耀眼核心其实是飘浮在一片虚无之中，直接从千百万英里以外让你的原子跳起了舞蹈。同样，这颗岩石行星的引力让你的身体可以紧贴着地面，就像它对水分子的作用力那样。

在这样的位置可以更容易觉察到一颗由陆生原子构成的巨大球体，其柔和的曲面正带着你和萨拉纳克湖以接近声速的速度向东旋转。"白天"这个词更像是描述一个地区而非时间——一片可以看到太阳光穿过"氮气蓝"天空的区域。它掩盖了更多遥远恒星的光芒，只留下月球的反光面和邻近行星，当然还有像 SN1054 这样极为罕见的超新星。如果你等待得久一些，你和你的这片地区便会从蓝色迷雾滑落到可以更清晰欣赏太空暗井的区域，而这片太空一直从各个方向包围着你。

如果你能在此环境中哪怕待上片刻，你对这颗飘浮的行星彻底依赖的情绪会变得更加真实，也许还会更轻易地感激那些维系着你的原子，并理解你对它们的影响。就目前我们所知道的，只有地球上才有生命存在。只是存在就非常了不起了，更重要的是我们的数量还在不可避免地增长，我们以及我们的后代还将获得更多知识。

只有一点，不知道爱因斯坦是否对"非生命原子如何产生生命"这一悬而未决的问题有过思考。他承认人类的理解力会有极限，其中也包括他自己。1945 年 7 月，他在 6 号院写下一封书信："我们必须谦虚地赞美这个世界的和谐构造 —— 仅限于我们所能掌控的程度。这就是一切。"自然选择的压力已经让我们的大脑足够聪明，可以保持呼吸和生育，但它们没有让我们变得全能，而且还有很多事情我们不能简单地装进脑袋里。仅仅依靠科学，我们努力掌控的世界也仅此而已，但有时科学与艺术的结合却可以带着我们探索旅程的剩余部分。作为一名音乐家，爱因斯坦很明白这一点，也许正是他对音乐的热爱，也曾将他的视野带到原子构建生命的方式，如今我们用"涌现"（emergence）来描述这一过程。

涌现现象是由一些相对简单的现象构成的，然而总体却大于个体之和，就像随机的划痕可能构成字母一样；而通过改变排列顺序，字母也可能构成具有特定含义的词汇，比如字母 e、l、f 和 i，可以构成"file"（文件）或"life"（生命）。在同样这些神秘地区，这些词汇又进一步涌现成文献，大量原子与分子便是如此构成了有生命的细胞。很多现象都与此类似：上千条鲦鱼可以形成起伏的银色波浪，上百万居民可以让一座城市变得独一无二，数十亿条珊瑚虫可以构建复杂而多彩的珊瑚礁，而数以兆亿计的无意识细胞可以构建出一片殖民地，像人一样行走、说话和思考。

前文提到的音乐，其实就是空气中声波的"涌现现象"，尽管不能完全依此解释生命起源，不过也能让描述生命的过程变得很惬意。爱因斯坦是位出色的小提琴手，尤其喜爱莫扎特的音乐，而且他声名远播，经常被国际上一些成就斐然的音乐家邀请作为嘉宾。钢琴家阿图尔·鲍尔萨姆（Artur Balsam）在被问起"相对论的作者音乐水平如何"这个问题时，答道："他相当棒。"（He is relatively good. 此处为文字游戏，相对论在英语中是 relativity theory，而这里的回答则用了 relatively 这个词。——译注）

不过爱因斯坦对音乐的热爱更多是出于个人感情而非职业关系，

而且虽说他可以拥有最优质的音乐器材，他却更愿意在一只陈旧的盒子里装着他那并不昂贵的小提琴，跟着他游东走西，其中也包括诺尔伍德。在6号院的阳台上，他经常一个人演奏，或是很享受地和小提琴演奏师弗朗西斯·马格内斯（Frances Magnes）进行二重奏，后者也是萨拉纳克湖的一位避暑常客。爱因斯坦曾经说过："如果我不是物理学家，也许会成为音乐家……我用音乐看待我的人生。"

科学史作家亚瑟·米勒（Arthur Miller）曾如此描述爱因斯坦对莫扎特的爱慕之情：这是科学与艺术情感的完美混合。他写道："自然法则的奥秘，正在等待着某个人去揭示，他有着一双可以被宇宙激起共鸣的耳朵。"物理与音乐一样，整个领域都包含着"呈现惊人对称性的预设和谐"，爱因斯坦对此有着深刻感悟并将其作为自己的财富。对他而言，莫扎特的音乐"似乎早已在宇宙中出现，只是等待着大师去发现"，这不禁让人想起米开朗基罗谈起他的雕塑时所说的话——他并没有创造人物形象，只是让本来沉睡于大理石中的他们从此解放而已。

关于生命的原子属性，音乐又能揭示什么呢？物理学家时常会将轨道电子的振动模式比作乐器谐振弦的驻波，而且据说这些亚原子超弦的振动模式很像和弦，可以用小提琴演奏出来。不过根据量子力学理论，原子更难被测定，而音乐与生命对精确度的追求都非常苛刻。一些动物发出的声音究竟是歌声还是噪声？生物学家对此仍然争论不已。同样，即便是研究生命起源的科学家，也仍然没有确切的定义可以说明，生命本身究竟是什么？你也不妨自己试着解释一下，就跟我经常在生物学导论课上跟学生讲的那样。

在学生们列举了一大堆生命特征之后，包括饮食、呼吸、应激以及繁殖等，我从讲台背后了拿出一把事先藏好的链锯。他们下巴都被惊掉了，随后爆发出一阵笑声，而我从容地拉动链锯的拉绳，机器发出"生命"的咆哮。几乎之前列举的所有生命现象都在燃料的作用下产生了，包括废气的排放，还有对我触动开关的手指的刺耳反应。当我"杀死"这台机器时，总会有学生问："慢着，还有繁殖呢？如果不能繁殖，可称不上是生命。"如你猜想的那样，总会有些粗鲁的回答紧接着就出现了："那你说修女呢？难道修女也不是生命吗？""骡子怎么办？再努力也下不出崽儿。"

定义生命就已是如此艰难，就更别提如何描述从原子起源的问题了，任我们怎么努力也无从答起。不过虽说我们不能完全解释生命是什么，分子共振涌现出的"音乐"还是可以帮助我们描述生命到底像什么。如果你现在打算借来爱因斯坦的小提琴——如今还经常被他的重孙保罗带到音乐厅演奏——并来到诺尔伍德的船坞演奏他最爱的莫扎特《e 小调奏鸣曲》，想一想会发生什么？

这把特殊的乐器，其中大多数原子早在 20 世纪 40 年代就曾到访过此地，因为比起湖泊和演奏者这样的原子暂居对象而言，小提琴之类的物体中，原子可以待上更久的时间。但是，从你指尖和琴弓中传出来的音乐究竟是什么？

声音本身是一种空气分子撞击你耳膜形成的波，存续时间很短，而你对音高与声调的感知，来源于神经元离子形成的波，它们激发了你的感官与你大脑的情感反应。然而，旋律本身是因演奏而产生的一种抽象模式，更彻底地说，是 1778 年诞生于莫扎特脑海中的一些抒情的思想。《e 小调奏鸣曲》的"涌现现象"，比任何音乐会或演奏家的生命都更持久，并且无论有没有乐器将其具象成声音，也无论是否在纸上记录下乐谱，它其实都是存在的。

也许这就是你与音乐的最相似之处——并不是你的原子构成了一把物质意义的"乐器"，而是它们像音乐那样通过内部相互作用"涌现"出了一种独一无二的排列。你真实存在，却又是一个抽象体。或许，你就好比一个成功的原子乐队正在演奏的一段旋律，你的身体就是剧场，然而音乐会迟早都将落幕。沃特·惠特曼（Walt

Whitman）在一首诗中曾多次表达过这样的态度：

> 我为自己喝彩，为自己歌唱；
>
> 我之所思，也将是你之所想；
>
> 因为我所拥有的每一颗原子，
>
> 都将成为属于你最好的给养。

如同奏鸣曲的声音那样，或是像莫扎特、爱因斯坦还有惠特曼那样，终有一天你也会离去。然而如同乐曲的抽象结构那般，时空坐标和你生命的涌现方式却将不朽，曾属于你的原子或是亚原子，都将在亿万年中不断变换形式继续存在，直到它们逐渐消散在那垂死的寂静宇宙之中。就像惠特曼所总结的：

> 我像空气一般离去，对着夕阳甩着我的白发；
>
> 我把肉体投进旋涡，让它在花径格栅间飘荡；
>
> 我把自己埋入泥土，期待在我爱的草间重生；
>
> 你若想再看我一眼，可在你的鞋底寻寻觅觅。

与此同时，欢迎回到原子的你（your atomic self）。氢原子经历了几十亿年的恒星聚变，又在地球上的气水土火之间跳过无数次原子之舞，终于变成了你，而你也会优雅地将它们馈赠给那些尚未出生的许多生命。而当你的生命故事谢幕之时，你也会明智地跟宇宙一同分享你的物质与能量。

方便的话，再来一次呼吸吧——这不仅是因为你必须这么做，更是因为，你可以这么做！

注释

前言

氧原子的大小。氧原子的直径是60皮米，或者写作60×10^{-12}米（斯莱特，1964年），而对氧原子核的合理推测是，直径约为3飞米，即3×10^{-15}米，质子的直径大约为0.84飞米（玻尔等，2010年）。将原子核放大到树莓那么大，直径大约为1厘米，需要放大3.3×10^{12}倍，因此整个原子的直径就是$3.3 \times 10^{12} \times 60 \times 10^{-12}$米，即约200米。膨胀原子球的体积将会达到3350万立方米。大都会人寿体育馆的体积据说是180万立方米，大约只有膨胀后原子体积的1/18那么大。

纯原子核构成的指尖重量。多个数据库记录的原子核密度均为$10^{17}kg/m^3$数量级（比如高等物理网http://hyperphysics.phyastr.gsu.edu/hbase/nuclear/nucuni.html）。指尖的体积大约有1立方厘米，也就是百万分之一立方米。因此全部由原子核构成的指尖大约有$10^{17} \times 10^{-6} = 10^{11}$千克。每千克相当于2.2磅，因此如果换算下来，就是2200亿磅，或者是1.1亿美国标准吨。

第一章　生命之火——氧

对氧原子流经手臂的计算。氧原子的半径是60皮米，因此一个氧原子的直径是120皮米，或者说是120×10^{-12}米。如果原子尺度膨胀10^{10}倍，那么直径就是1.2米。为了简化计算，我们将人的身高也设定为这个数值（好像矮了一些），并同样扩大10^{10}倍。一般成年人的手臂差不多为0.6米，扩大同样系数之后就是0.6×10^{10}米，也就是600万千米。每千米的距离是0.62英里，换算之后就是3700万英里，如果让你1秒钟内完成这么长的旅程，那么你就需要远远超过光速，因为光速"只有"186 282英里/秒。

爱因斯坦的相对论证明，这根本不可能实现。

关于细胞放大1000万倍成为一座高300英尺小山的计算。人类细胞的直径在10微米数量级，也就是10^{-5}米（丹尼尔等，1979年），因此将其放大1000万倍（10^7倍）后，将扩张到大约100米高。细胞内部的结构微丝直径为$6 \sim 10$纳米，也就是$6 \times 10^{-9} \sim 10 \times 10^{-9}$米（福克斯与克里夫兰，

1998年）。扩张10^7倍之后，它们有6～10厘米粗。线粒体的长度一般在0.5～10微米，也就是5×10^{-7}～10^{-5}米（克劳斯，2001年），放大后就是5～100米，与文中所比喻的拖拉机拖车大小相符。

第二章 原子之舞——氢

分子速度与碰撞率在线测算（高等物理，佐治亚州立大学物理与天文学院）：

http://hyperphysics.phyastr.gsu.edu/hbase/kinetic/kintem.html#c3

IBM网站的"男孩和他的原子"：

http://www.research.ibm.com/articles/madewithatoms.shtml#fbid-yfOjFKDc8us

生理学网的扩散时间计算器：

http://www.physiologyweb.com/calculators/diffusion_time_calculator.html

第四章 生命之链——碳

1990—2005年USEPA统计的汞排放信息：

http://www.epa.gov/mats/powerplants.html

USEPA登记的女性及儿童汞含量信息：

http://www.epa.gov/hg/exposure.htm

USFDA登记的鱼类汞含量信息：

http://www.fda.gov/Food/FoodborneIllnessContaminants/Metals/ucm115644.htm

第五章 地球之泪——钠

北方咕噜舟蛾与人类对比（斯梅德利与艾斯纳，1996年）：雄蛾体重大约80毫克，可以一次连续吸取10～50毫升水。如果按40毫升计算，相当于40 000毫克水，也就是500倍于蛾子体重，换句话说，这些蛾子一次可以吸取相当于自身体重500倍的水。如果你的体重为150磅，完成同样的壮举需要饮用75 000磅水（150×500）。一加仑水是8.3磅，因此这就意味着你需要饮用9000加仑泥水。北方咕噜舟蛾的身体大约是1厘米长，但它可以将排出的水喷出40厘米远，也就是相当于体长的 40 倍。如果你站起来有1.8米高，你体长的40倍就是72米。北方咕噜舟蛾可以一次收集17毫克钠离子，而一只雄蛾体内的总钠量大约有19毫克。因此，一只蛾子可以获取身体中钠供应量的绝大部分。成年人体内的钠含量大约有3.4盎司（弗雷塔斯，1998年），因此合理的估测是，一次摄取3盎司（85克）钠才能与它们相提并论。

第六章　生存，毁灭，和来自空气的面包——氮

关于散射与天空色彩的一些优秀网站：

迪特里希·查韦斯沙。"散射：天空的色彩。"

http://www.itp.unihannover.de/~zawischa/ITP/scattering.html

NOAA国家气象服务，激流——在线气象学校。"云的色彩"。

http://www.srh.noaa.gov/jetstream/clouds/color.htm

大气光学。"天空为何是蓝色？"

http://www.atoptics.co.uk/atoptics/blsky.htm

第八章　增长的极限——磷

人类DNA链总长：对人类细胞总数的最新推测是37万亿个（比安科妮等，2013年）。不过，红细胞并不含DNA，而且在身体中非常普遍。一名成年人通常会携带5升血液（你可以在easycalculation.com网站上输入性别、体重与身高等信息后进行测算），而每升人类血液中含有大约5万亿个红细胞，也就是每微升就含有大约500万个细胞（梅奥医疗中心，2011年），这样算下来你还剩大约12万亿个带有DNA的细胞。根据多数数据库，每个细胞中的DNA大约有2米长，这是基于每个细胞中有两组各30亿段人类基因组碱基对的事实估测得到（安农齐亚托，2008年）。12万亿与2米相乘，可以得出240亿千米（2.4×10^{13}米）的结果，也就是150亿英里。冥王星轨道距离我们40亿到80亿千米，因此你的DNA总长可以覆盖这段旅程至少3遍。

游泳池里的沙粒：如果一个奥运会标准游泳池的尺寸是50米×25米×3米，那么也就可以得出其体积是3750立方米。如果沙粒呈立方体，边

长是1毫米，那么其体积就是1立方毫米，而10亿立方毫米是1立方米。将3750与10亿相乘可以得到3.75万亿，也就是每个这样的游泳池可以装下3.75万亿颗这样的沙粒。如果你的体内有7000亿亿亿个原子（弗雷塔斯，2008年），你就可以用同样数目的沙粒填满2万亿个上述游泳池。每个游泳池的占地面积为50米×25米，那么所有游泳池的面积将覆盖大约1250平方米×2万亿，即25×10^{14}平方米，或者是25×10^8平方千米。地球的表面积大约是5×10^8平方千米，也就是说上述游泳池可以覆盖5个地球。

花去7000亿亿亿美元：每天有86 400秒，每年就是3150万秒。如果每秒花去100万，你每年可以花去31.5万亿美元。这样你就还需要再来222万亿年才能花去剩余的部分。现在的观点认为，目前宇宙中这种氢原子聚变，恒星不断产生的多星时代将会持续大约100万亿年（亚当斯与劳克林，1997年）。

大气中碳原子可供的人类规模。特伦伯斯与史密斯（2005年）测算大气的总质量为5.1×10^{18}千克，而2013年大气中二氧化碳的浓度为400ppm，相当于大约2×10^{15}千克，其中约四分之一是碳的重量，也就是50×10^{13}千克（5000亿吨）。弗雷塔斯（1998年）测算成年人的碳含量大约是16千克，因此大气中的总碳含量可以供应3.1×10^{13}个成年人使用（31万亿人口规模）。

第九章　消逝的肉体——生命和非生命的界限

火化后的气体性碳原子。一名成年人的身体中大约携带8×10^{26}（800亿亿亿）个碳原子（弗雷塔斯，1998年）。如果在火化过程中所有碳原子都转化成CO_2，并均匀分布在北半球的大气中（表面积为9800万平方英里），那么也就是（大约$8 \times 10^{26} \sim 8 \times 10^{27}$个原子分布在$10^8$平方英里）每平方英里上方有$10^{19}$（1000亿亿）个碳原子。1平方英里是27 878 400平方英尺，因此北半球的每平方英尺上方就是3.6×10^{11}个碳原子，即3600亿。

致谢

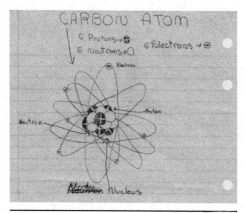

●原子的家庭作业

我对原子的兴趣可以追溯到孩提时代，当时是为了完成六年级的一项家庭作业。感谢我的姐姐莱斯莉，从垃圾堆里捡出那篇论文，也感谢老师们当时的鼓励，让我对科学充满了热情，当然也要感谢在各方面给予我帮助的所有人。

感谢大卫·辛德勒提供了226号试验湖的照片，感谢苏克图·巴夫萨尔、克雷格·博伦、蒂姆·加内特、查理·芮、拉尔夫·基林、路易斯·马丁内利以及汤姆·莱莫什提供的信息及对文字部分的核实，还要感谢李·安·斯伯恩带我领略了直接呼吸纯氧的快感。感谢澳大利亚广播电台主持人理查德·费德勒邀请我用文字跟踪了他们一行周游世界时一股人类呼吸中的碳原子。也要感谢佩蒂和迈克·鲁特带我参观了爱因斯坦的旧居，感谢萨拉纳克湖历史保护区的大卫·比尔科波夫、艾米·卡特尼娅和玛丽·霍特琳，感谢萨拉纳克湖公共图书馆的彼得·本森与迈克·图科，感谢《阿迪朗达克日报》的彼得·克劳雷在提供照片的同时还协助查询爱因斯坦在阿迪朗达克的历史脚步。感谢帕蒂·麦克唐纳关于毛发科学的指导与支持，还有汉斯·本齐格提供了他难以忘怀的照片，从而让我可以与你们分享食泪蛾的故事。感谢凯利·约翰逊、李·安·斯伯恩、克雷格·麦尔维斯基、劳拉·罗策、阿莎、杰、德沃拉·斯塔格、比尔、苏珊·斯维尼对手稿的阅读，并提供了许多宝贵的意见，从而让我看起来比实际更像一名成熟的作家。

衷心感谢我的合作者兼代理人桑迪·迪杰斯特拉，她的"桑德拉·迪杰斯特拉文献服务处"给了本书很大的支持与指导；感谢我的编辑彼得·约瑟夫，他非常优秀，当然还有托马斯杜恩书店与圣马丁出版社的其他全体员工，很专业地指导我对本书进行了多次修改与调整。国家科学基金会的大卫·维拉多以及我的"自然课题"团队成员，在北方公共广播工作的玛沙·弗雷与乔·赫德，让我成为更好的科学传播者。当然，还有我在保罗·史密斯学院的学生和同事，在过去的25年里给了我莫大帮助。除了保罗·史密斯学院的职员与董事，还要感谢很多为北郡中学付出大量心血的很多人，是他们将这座位于山区湖间不起眼的小学校打造成了一座环境优美、声名远播的梦幻学园。当然不能忘记的还有我那了不起的太太凯莉，在这个项目的方方面面，睿智的她都给了我莫大支持，我的余生还将需要她的陪伴。她还拍得一手好照片，并且很慷慨地让我在书中使用了其中一部分。

向爱因斯坦和其他一些科学家致敬，无论你们的名气是大是小，但你们的探索发现，让我们见证了人类历史上最有意义也是变化翻天覆地的一个时代。特别致谢所有意识到跟公众进行有效沟通是一项重要技能的科学家们，这一技能值得发展并被尊重，尤其感谢将科普作为己任并热心推动的科学家们。

最后，向古老的恒星致以衷心的感谢，你们相对较短的寿命与华丽的死亡造就了我们 —— 当然还有我们的原子 —— 我们皆因原子而生。